今度こそわかる

マクスウェル方程式

岸野正剛

MAXWELL'S EQUATIONS

KISHINO SEIGO

講談社

まえがき

マクスウェル方程式は物理学の一丁目一番地だという人がいます．電磁気学の基礎知識がマスターできていて，ベクトル微分演算子に慣れている人にとっては，マクスウェル方程式などお茶の子さいさいでしょう．確かに，マクスウェル方程式が素直にわかるようであれば，そのあと学ぶ物理学はすいすいと理解できるでしょうし，物理学の勉強は楽しいものになるでしょう．その意味ではマクスウェル方程式は確かに一丁目一番地です．

ところが，電磁気学の基礎的法則の理解がいま一つで，日頃，grad, div, rot などのベクトル微分演算子が出てくると嫌な顔をしてこれを避けている人や，初学者にとっては，一丁目一番地どころではないかもしれません．マクスウェル方程式は，一度は覗(のぞ)いてみたい“深窓の麗人”ではありますが，近づきがたい“高嶺(たかね)の花”でもあるようです．

しかし，何事も“つぼ”を押さえさえすれば，“ものにする”ことができます．マクスウェル方程式をマスターする“つぼ”は，難しい箇所をキチンと押さえて，その内容のやさしい説明を知ることです．難しく感じられる原因は，電磁気学の4個の基礎的法則とベクトル微分演算子の理解不足ですから，この二つを取り除いてやれば，もやもやと立ち込めた霧は晴れそうです．本書の目的は，この濃霧を霧散させる，てっとり早い方法を提供することなのです．

例えば，ベクトル微分演算子 grad, div, rot は，意味がわからなければ一見いかにも難しいかもしれません．しかし，本書で説明するように，これを使うとむしろ式の物理的なイメージが頭に描けて，式の内容がわかりやすいのです．

とはいえ，マクスウェル方程式の理解には，“画龍点睛(がりょうてんせい)”の睛(ひとみ)のようなものがあって，この“ひとみ”が欠けていると，もやもやした霧がやはり残ることになります．マクスウェル方程式の画龍点睛の“ひとみ”は，変位電流です．変位電流はマクスウェルが持ち込んだ少し変わった電流で，初学者のつまずきがちなところですが，実は難しいものではありません．電気を知っている人なら誰にもなじみのあるコンデンサにも流れる電流です．

マクスウェル方程式に変位電流が欠ければ，マクスウェル方程式を構成する 4 個の方程式はそれぞれが独立したバラバラな式になってしまいます．変位電流は，マクスウェル方程式を体系的な方程式にまとめ上げているキーポイントです．それに，マクスウェル方程式に変位電流が欠ければ，波動方程式も電磁波も存在しないのです．つまりマクスウェル方程式に変位電流を採り入れなければ，マクスウェルは波動方程式を導くことはできなかった，だから彼の電磁波の予言もありえなかった，ということになるでしょう！

画龍点睛の故事によると，壁に描いた龍の絵に“ひとみ”（睛）を描き入れたところ，龍が空に飛び立ったといいます．この故事に倣（なら）いますと，マクスウェルの描いた絵（方程式）が変位電流という“ひとみ”を得て，龍（電磁波）となって飛び立った，と形容できるでしょう！ この電磁波という龍は，電波の時代から現在の光情報の時代まで，世界を，宇宙空間を飛び回って私たちのために縦横無尽に活躍しています．マクスウェルの予言した電磁波は，まさに現代の空飛ぶ龍ではないでしょうか⁉

本書を読む方々には，このように重要な変位電流の登場した理由やその物理的意味も，今度こそわかっていただきたいのです．マクスウェル方程式に画龍点睛の“ひとみ”を入れ，入魂式を祝おうではありませんか！

人生での成功の秘訣（ひけつ）の一つは良い師の教えを受けることだといわれますように，独学に成功する秘訣は“理解しやすい良書”に巡り会うことです．マクスウェル方程式をきちんと知りたい，学びたいと考えておられる人にとって，本書がなじみやすい本になっていることを切に願って拙文を閉じます．

2014 年 2 月
岸野正剛

目次　今度こそわかるマクスウェル方程式

序　章

マクスウェル方程式はなぜ難しく感じられるか?

―― 難解に感じられる理由と直観的なくだけた説明

この序章は, 本書全体の導入として, マクスウェル方程式が興味を持たれつつも敬遠される理由を調べて, 従来の偏見に惑わされることなく楽しく学べる方策を示します. それと同時に, マクスウェル方程式のくだけた直観的な概要を説明して, マクスウェル方程式への不必要な怖れと警戒を取り除くことに努めます. 最後に, 電気と磁気の対応関係に関する「E-H対応」と「E-B対応」という概念について, 簡単に説明しておきます.

MAXWELL'S EQUATIONS CHAPTER INTRODUCTION

I.1 マクスウェル方程式が難しく感じられるわけ

I.1.1 難解に感じるわけ

マクスウェル方程式には大変な魅力があります．女性でいえば，高貴な神々しくも思える凄い美人です．男性なら最近の言葉でイケメンというのでしょうか！ しかし，この美人（またはイケメン）には何となく近づきがたいところがあります．

マクスウェル方程式の正体とは，簡単にいえば，電磁気学の 4 個の基本的な法則の式をまとめたものです．基本的というくらいですから，難しいはずはないのですが，なぜマクスウェル方程式は難しいと感じられているのでしょうか？ 理由は以下の 3 項目にあると思われます．

① 式が rot や div などのベクトル微分演算子と呼ばれるもので書かれている．

② 電磁気学の基本法則の一つが修正されていて見慣れない項が入っている．

③ マクスウェルが彼の電磁気学に対する思想を入れ込んでマクスウェル方程式を組み立てている．

以下，順に説明していきましょう．

◆ベクトル微分演算子が使われている

①に書かれている理由については，実は話は逆です．すなわち，あとで述べるように，rot や div などのベクトル微分演算子には，数式の意味を説明する機能があります．慣れてくると，これらを使って書かれた数式を見れば，数式の内容の物理的なイメージを頭に描きやすいのです．

具体的にはこのあとで詳しく説明するとして，ともかくマクスウェル方程式は，次の式で書かれています．

$$\mathrm{rot}\,\boldsymbol{H} = \boldsymbol{i} + \frac{\partial \boldsymbol{D}}{\partial t} \tag{I.1}$$

$$\mathrm{rot}\,\boldsymbol{E} = -\frac{\partial \boldsymbol{B}}{\partial t} \tag{I.2}$$

$$\mathrm{div}\,\boldsymbol{D} = \rho \tag{I.3}$$

$$\mathrm{div}\,\boldsymbol{B} = 0 \tag{I.4}$$

これらの式を見ると，確かに初学者の人たちや一般の人にはなじみの薄い数式で書かれていますね．式 (I.1〜4) で使われている rot や div はベクトル微分演算子と呼ばれています．これらの微分演算子の使い方に慣れていない人には，この式を見ただけでは電磁気学の 4 個の基本的な法則が思い出せない人もいるのは確かです．

なお，(I.1〜2) 式の右辺の $\dfrac{\partial}{\partial t}$ は偏微分を表していますが，これは $\dfrac{d}{dt}$ で表される微分と物理的には同じ時間変化を意味しています．本書では慣例に従って，偏微分の式を使いますが，このことを知っていさえすれば，偏微分になじみの薄い人も安心して読み進めることができるはずです．

また，本書では SI 単位系（Column I-1 参照）を使いますので，上記の式 (I.1〜4) においても SI 単位系を使っています．少し前までは cgs-Gauss 単位系で書かれる場合も多かったので，この数式についても，この章の最後に示すことにします．

Column I-1 単位系について

メートル系の単位系としては MKS 単位系，MKSA 単位系，そして SI 単位系があります．MKS 単位系は，長さをメートル m，質量をキログラム kg，時間を秒 s で表すことを基本として，m，kg，s という三つの基本単位の組み合わせによってその他の諸量の単位を構成する単位系です（このように構成された単位を組立単位といいます）．MKS 単位系の組立単位には，力の単位のニュートン N や圧力の単位のパスカル Pa も含まれています．MKSA 単位系は，四つめの基本単位として電流の単位アンペア A を MKS 単位系に追加した単位系です．

そして，SI 単位系では，基本単位として温度のケルビン K，物質量のモル mol，そして光度のカンデラ cd が MKSA 単位系に追加されています．

その他の諸量はこれらの基本単位の組み合わせで構成された単位で記述されます．SI 単位系で定義される組立単位の中には，電磁単位のウェーバ Wb（磁束），テスラ T（磁束密度），ヘンリー H（インダクタンス）なども含まれています．

一方，cgs-Gauss 単位系は，長さのセンチメートル cm，質量のグラム g，時間の秒 s を基本単位として，その他の諸量の単位にはこれらの単位からなる組立単位を使う単位系です．そして，cgs 単位系では電気に関する単位には静電単位系が使われ，磁気に関する単位には電磁単位系が使われています．

◆見慣れない電流の項が追加されて基本的な法則の一つが修正されている

難しく感じる理由として，上記の②では“電磁気学の基本法則の一つが修正されて見慣れない項が入っている”ということを挙げました．これは，その通りです．ある方向に電流が流れると，電流の周囲に右ねじの向きに磁場が発生するのは，アンペール（A.-M. Ampère, 1775〜1836）の法則と呼ばれていてなじみがあります．上記マクスウェル方程式の式 (I.1) は，アンペールの法則を微分型に変換した式のはずなのです．しかし，アンペールの法則の式を素直に微分型に書き直すと，式 (I.1) とは違って，$\mathrm{rot}\,\boldsymbol{H} = \boldsymbol{i}$ となります．だから，式 (I.1) には余分に $\dfrac{\partial \boldsymbol{D}}{\partial t}$ という見慣れない項が加わっているのです．

この項の $\dfrac{\partial \boldsymbol{D}}{\partial t}$ は変位電流といって，アンペールの時代には存在が知られていませんでした．この項はマクスウェル（J. Maxwell, 1831〜1879）が発案した電流を表す項です．彼がなぜこのようなことをしたかというと，元のアンペールの法則のままで電磁気学の基本式を作ろうとすると不都合が起こることがわかったからです．すなわち，電流が時間的に変化しない定常状態では問題はないのですが，電流が時間的に変化する非定常状態では，電荷の保存則が成り立たないことがわかったのです．それだけでなく，4 個の基本式が同時には成り立たなくなることもわかったのです．

マクスウェルにとってはこの状況は非常に困ることでした．なぜかといいますと，まず，電荷の保存則は電磁気学では常に成立しなくてはならない原理のようなものだからです．それにマクスウェルは基本法則の 4 個を単にまとめることだけを考えていたわけではなく，4 個の基本的な法則を使って，電磁気学の課題をすべて解決できるような体系的な電磁気学の基本的な数式を作ることを考えていたからです．このためには 4 個の方程式の間でお互いに矛盾が生じることは絶対にあってはならなかったのです．

これらの不都合を取り除くために，マクスウェルはアンペールの式の右辺の電流の項に $\dfrac{\partial \boldsymbol{D}}{\partial t}$ の項を追加したのです．このようにすると，上で述べた二つの不都合は氷解し，式 (I.1〜4) に示した 4 個のマクスウェル方程式がお互いに矛盾なく成立するだけでなく，非定常状態においても電荷の保存則が成立することがわかったのです．

なお，マクスウェルが変位電流の項の $\dfrac{\partial \boldsymbol{D}}{\partial t}$ を追加した式は，その後，拡張されたアンペールの法則の式とか，アンペール－マクスウェルの法則の式と呼ばれています．この当たりの詳しい事情は，次章で説明することにします．

◆マクスウェルの思想：近接作用の考えと“場”の存在

マクスウェル方程式が難しい理由③は，この方程式にマクスウェルの電磁気学に対する思想が入っていて，マクスウェルがこの思想に沿って方程式を作ったことです．このために，マクスウェル方程式は式 (I.1〜4) に示すようにベクトル微分演算子を使った微分型で表す必要があったのです．ある意味では，この③の理由がマクスウェル方程式を難しくしている最大の原因かもしれません．

電気の現象では電荷の働きとか，電荷と電荷の間の相互作用の問題が重要ですが，この作用に対するマクスウェルの考え方は当時の主流の考え方とは異なっていたのです．それればかりではなく，現在でも普通の人や初学者の人たちには，マクスウェルの考え方は特異なものに映るのです．

何が問題かというと，二つの電荷 Q_1 と Q_2 の間には，図 I.1(b) に示すように，地球と太陽の間に働く万有引力（図 I.1(a)）と似た力が働きます．電荷の場合には，この力はよく知られているようにクーロン力と呼ばれます．

電荷同士が同符号であれば二つの電荷の間には斥力が，異符号であれば引力が働きます．この力は，二つの電荷の間に力を媒介するものが何もなくても，瞬時に働くものと考えられていました．このような力の伝わり方は遠隔作用と呼ばれます．

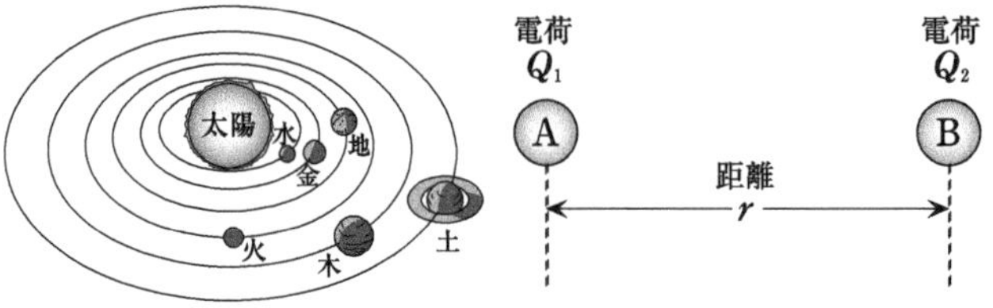

(a) 万有引力　　(b) 電荷の間ではたらくクーロン力

図 I.1　遠隔作用か近接作用か？

ところが，あとで説明するように，驚くほど詳細に電気現象を観察したファラデーは，“二つの電荷の間に電気力が働くためには，電気を伝達する何らかの媒体が必要で，この媒体の作用によって二つの電荷の間に力が働く”という考えに到達していました．このような力の伝わり方は近接作用と呼ばれます．

マクスウェルはファラデーの考えた近接作用に賛成でした．マクスウェルはファラデーの考えを発展させて，電荷間に力が働くには，電荷の周囲の空間に，電気力を媒介する電気的なゆがみができるとして，これを電場 $\boldsymbol{E}$ としました．また，電流から発生する磁気による空間の磁気的なゆがみを磁場 $\boldsymbol{H}$（または磁束密度 $\boldsymbol{B}$）としたのでした．こうして，マクスウェルは近接効果の考え方に従って，電場 $\boldsymbol{E}$ と磁場 $\boldsymbol{H}$ の相互作用を考えてマクスウェル方程式を組み立てたのです．電場 $\boldsymbol{E}$ と磁場 $\boldsymbol{B}$ はマクスウェル方程式の主役なのです．そして近接作用の考えをマクスウェル方程式に表現する最適な方法として，マクスウェルはベクトル微分演算子を使ったのでした．

こうして作り上げた (I.1～4) のマクスウェル方程式を使って，マクスウェルは波動方程式を導きました．そして，この波動方程式を解くと，ある種の波が方程式の解になっていることを発見しました．電磁波の存在を予言したのです．しかし，マクスウェルがこの数式を発表した当時の科学者たちは近接作用にも変位電流の存在にも疑問を持っていて，彼らはマクスウェル方程式も電磁波の存在も，しばらくは信じませんでした．

しかし，マクスウェルの死後 9 年経った 1888 年に，ヘルツ（H. Hertz, 1857〜1894）が電磁波を実験によって発生させました．マクスウェルの予言が実証されたのです．このヘルツの電磁波の発見によって，当時の科学者たちも変位電流の実在を信じ，マクスウェルの思想も信じるようになったのです．こうして，これ以降は物理学の世界ではファラデーやマクスウェルが提唱した近接作用の考え方が支配的になったのです．

そして，現在では物理学の世界ではクーロン力だけでなく万有引力も，場を通して近接作用によって働いていると考えられるようになっています．しかし，一般の人々の間では遠隔作用の考え方のほうがわかりやすいためか，現在でも遠隔作用の考え方が支配的なようです．このことがマクスウェル方程式の理解を難しくしているように感じます．

I.1.2　難しさを解消する方策

a ベクトル微分演算子に対するアレルギーを取り除く

ベクトル微分演算子に対しては毛嫌いというか，敬遠する人が多いように思われます．そこで，ここではベクトル微分演算子に対する“アレルギー”を取り除くために，簡単に説明しておくことにします．ベクトル微分演算子について説明するためには，ベクトル演算の基礎になる単位ベクトルの $\boldsymbol{i}$, $\boldsymbol{j}$, $\boldsymbol{k}$ とナブラ記号 ∇ などの知識が必要ですので，まず簡単に説明しておきます．

◆単位ベクトル

単位ベクトルは記号 $\boldsymbol{i}$, $\boldsymbol{j}$, $\boldsymbol{k}$ を使って表され，x, y, z 直交座標を使うと，図 I.2 に示すようになります．単位ベクトルは大きさがすべて 1 で，方向は各 x, y, z 軸の正方向です．だから，単位ベクトル $\boldsymbol{i}$, $\boldsymbol{j}$, $\boldsymbol{k}$ の間のスカラー積は次のようになります．

$$\begin{array}{lll} \boldsymbol{i}\cdot\boldsymbol{i}=1, & \boldsymbol{j}\cdot\boldsymbol{j}=1, & \boldsymbol{k}\cdot\boldsymbol{k}=1 \\ \boldsymbol{i}\cdot\boldsymbol{j}=0, & \boldsymbol{j}\cdot\boldsymbol{k}=0, & \boldsymbol{k}\cdot\boldsymbol{i}=0 \\ \boldsymbol{j}\cdot\boldsymbol{i}=0, & \boldsymbol{k}\cdot\boldsymbol{j}=0, & \boldsymbol{i}\cdot\boldsymbol{k}=0 \end{array} \tag{I.5}$$

式 (I.5) のように計算できる理由は，ベクトル $\boldsymbol{A}$ と $\boldsymbol{B}$ のなす角度を θ とすると，$\boldsymbol{A}$ と $\boldsymbol{B}$ のスカラー積が次の式に従って計算されるからです．

$$\boldsymbol{A}\cdot\boldsymbol{B}=AB\cos\theta \tag{I.6}$$

だから，$\theta=0°$ のときは $\boldsymbol{A}\cdot\boldsymbol{B}=AB$，$\theta=90°$ のときは $\boldsymbol{A}\cdot\boldsymbol{B}=0$ となります．なお，同じ単位ベクトル同士なら両者のなす角は 0° ですし，同じでなければ図 I.2 を見れば明らかなように 90° です．そして単位ベクトルの大きさ（絶対値）はすべて 1 ですから，式 (1.5) の関係は容易に納得できるはずです．

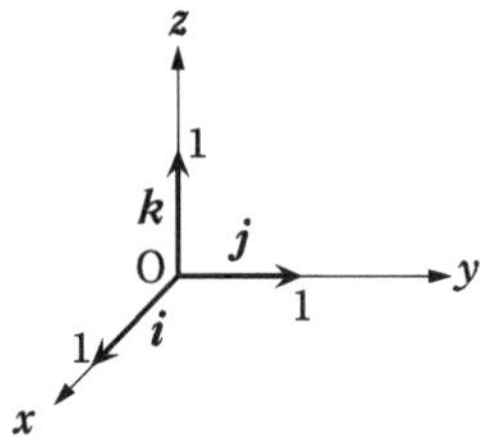

図 I.2 単位ベクトル（$\boldsymbol{i}$, $\boldsymbol{j}$, $\boldsymbol{k}$）

次に，単位ベクトル間のベクトル積は次のようになります．

$$\begin{array}{lll} \boldsymbol{i}\times\boldsymbol{i}=\boldsymbol{0}, & \boldsymbol{j}\times\boldsymbol{j}=\boldsymbol{0}, & \boldsymbol{k}\times\boldsymbol{k}=\boldsymbol{0} \\ \boldsymbol{i}\times\boldsymbol{j}=\boldsymbol{k}, & \boldsymbol{j}\times\boldsymbol{k}=\boldsymbol{i}, & \boldsymbol{k}\times\boldsymbol{i}=\boldsymbol{j} \\ \boldsymbol{j}\times\boldsymbol{i}=-\boldsymbol{k}, & \boldsymbol{k}\times\boldsymbol{j}=-\boldsymbol{i}, & \boldsymbol{i}\times\boldsymbol{k}=-\boldsymbol{j} \end{array} \tag{I.7}$$

このベクトル積の場合には，$\boldsymbol{A}$ と $\boldsymbol{B}$ のベクトル積が，ベクトル $\boldsymbol{A}$ と $\boldsymbol{B}$ のなす角度を θ とすると，次の公式に従って計算できることを使っています．

$$\boldsymbol{A}\times\boldsymbol{B}=(AB\sin\theta)\boldsymbol{n} \tag{I.8}$$

この式 (I.8) は，$\boldsymbol{A}$ と $\boldsymbol{B}$ のベクトル積が，大きさが $AB\sin\theta$，方向が AB 面に垂直な $\boldsymbol{n}$ 方向のベクトルであることを表しています（ベクトル $\boldsymbol{n}$ の大きさは 1 です）．$\boldsymbol{n}$ の方向は，$\boldsymbol{A}$ から $\boldsymbol{B}$ の方向に右ねじの正の方向にねじった場合にねじの進む方向です．だから，積の順序を逆にして $\boldsymbol{B}\times\boldsymbol{A}$ とすると $\boldsymbol{n}$ の方向が逆になるので，$\boldsymbol{A}\times\boldsymbol{B}=-\boldsymbol{B}\times\boldsymbol{A}$ の関係が成り立ちます．

◆ベクトル微分演算子：数式の内容がイメージできる便利な道具！

① ∇（ナブラ）

∇（ナブラ）という記号は，3 次元のベクトル微分演算子を表していて，x，y，z の 3 成分を持ち，次の式で表されます．

$$\nabla=\frac{\partial}{\partial x}\boldsymbol{i}+\frac{\partial}{\partial y}\boldsymbol{j}+\frac{\partial}{\partial z}\boldsymbol{k} \tag{I.9}$$

ナブラ ∇ は，$\boldsymbol{i}, \boldsymbol{j}, \boldsymbol{k}$ が単位ベクトルですから，形の上では 3 次元のベクトルになっていますが，物理学で使われる力，位置，それに運動量などのような物理量を表すベクトルではありません．ナブラ ∇ は 3 次元の偏微分演算を表す形式的な 3 次元ベクトルで，これはあくまで記号です．

また，このあと示すように，ナブラ ∇ を物理量，例えば電場 $\boldsymbol{E}$ に作用さると，作用のさせ方によって $\mathrm{div}\,\boldsymbol{E}$ とか $\mathrm{rot}\,\boldsymbol{E}$ が得られます．さらに，2 個のナブラ ∇ のスカラー積の $\nabla\cdot\nabla$ は，ナブラ 2 乗 ∇^2 またはラプラシアン Δ と呼ばれ，次のように書かれます．$\nabla\cdot\nabla$ の計算は簡単なので省略します．

$$\nabla\cdot\nabla=\frac{\partial^2}{\partial x^2}+\frac{\partial^2}{\partial y^2}+\frac{\partial^2}{\partial z^2} \tag{I.10a}$$

$$\nabla^2=\frac{\partial^2}{\partial x^2}+\frac{\partial^2}{\partial y^2}+\frac{\partial^2}{\partial z^2} \tag{I.10b}$$

$$\Delta=\frac{\partial^2}{\partial x^2}+\frac{\partial^2}{\partial y^2}+\frac{\partial^2}{\partial z^2} \tag{I.10c}$$

② grad（勾配）

grad は，英語の gradient（グレーディエント）の省略型です．grad は勾配を意味しています．grad はベクトル微分演算子の記号としては ∇ と同じなので，式 (I.9) を使って，次の式で表されます．

$$\mathrm{grad} = \frac{\partial}{\partial x}\boldsymbol{i} + \frac{\partial}{\partial y}\boldsymbol{j} + \frac{\partial}{\partial z}\boldsymbol{k} \tag{I.11}$$

だから，関数 f を使うと，関数 f の勾配は次のように表されます．

$$\mathrm{grad}\, f = \frac{\partial f}{\partial x}\boldsymbol{i} + \frac{\partial f}{\partial y}\boldsymbol{j} + \frac{\partial f}{\partial z}\boldsymbol{k}$$

例えば，電磁気学で使われる勾配 grad の例を挙げますと，電場 $\boldsymbol{E}$ は電位 V の勾配となります．すなわち，電場 $\boldsymbol{E}$ は $\boldsymbol{E} = -\,\mathrm{grad}\, V$ というふうに表されます．電場 $\boldsymbol{E}$ はナブラ ∇ を使って，$\boldsymbol{E} = -\nabla V$ とも書けます．

③ div（湧き出し）

div は英語の divergence（ダイバージェンス）の省略型です．div は“発散”とか“湧き出し”という意味です．これは電磁気学でも重要で，例えば電荷からは電気力線が湧き出します（放出されます）が，この現象は電場 $\boldsymbol{E}$ の湧き出しとか，電場の発散とかといわれます．こうした電荷から電場が湧き出す状況が $\mathrm{div}\,\boldsymbol{E}$ で表されます．

div は，ナブラ ∇ をベクトルと見て，∇ とベクトル量（物理量）とのスカラー積をとることによって得られます．例えば，いまベクトル量を電場の $\boldsymbol{E}$ とすると，$\mathrm{div}\,\boldsymbol{E}$ は次のように表されます．

$$\begin{aligned}\mathrm{div}\,\boldsymbol{E} = \nabla\cdot\boldsymbol{E} &= \left(\frac{\partial}{\partial x}\boldsymbol{i} + \frac{\partial}{\partial y}\boldsymbol{j} + \frac{\partial}{\partial z}\boldsymbol{k}\right)\cdot(E_x\boldsymbol{i} + E_y\boldsymbol{j} + E_z\boldsymbol{k})\\ &= \frac{\partial E_x}{\partial x} + \frac{\partial E_y}{\partial y} + \frac{\partial E_z}{\partial z} \end{aligned} \tag{I.12}$$

④ rot（回転，循環）

rot は英語の rotation（ローテーション）の省略型です．回転とか循環という意味ですが，電磁気学でも回転とか循環の意味で使われます[*1]．

rot はナブラ ∇ とベクトル（量）とのベクトル積によって得られます．い

*1 curl というベクトル微分演算子も見かけます（英語圏の文献ではしばしば curl が使われます）が，これは rot と全く同じ意味です．巻き毛の髪を“髪がカールしている”というように，curl は“渦巻く”とか“ねじる”というような意味です．$\mathrm{curl}\,\boldsymbol{E}$ と書いてあれば，これは $\mathrm{rot}\,\boldsymbol{E}$ と書いてあるのと同じことです．

まベクトル量を電場の $\boldsymbol{E}$ とすると，rot $\boldsymbol{E}$ は次のようにして導くことができます．

$$\begin{aligned}\mathrm{rot}\,\boldsymbol{E} = \nabla \times \boldsymbol{E} &= \left(\frac{\partial}{\partial x}\boldsymbol{i} + \frac{\partial}{\partial y}\boldsymbol{j} + \frac{\partial}{\partial z}\boldsymbol{k}\right) \times (E_x\boldsymbol{i} + E_y\boldsymbol{j} + E_z\boldsymbol{k}) \\ &= \left(\frac{\partial E_z}{\partial y} - \frac{\partial E_y}{\partial z}\right)\boldsymbol{i} + \left(\frac{\partial E_x}{\partial z} - \frac{\partial E_z}{\partial x}\right)\boldsymbol{j} + \left(\frac{\partial E_y}{\partial x} - \frac{\partial E_x}{\partial y}\right)\boldsymbol{k}\end{aligned} \tag{I.13a}$$

rot $\boldsymbol{E}$ は，電場 $\boldsymbol{E}$ が（ある位置の周りを）循環しているとか，回っている状況を表しています．

rot $\boldsymbol{E}$ は行列式を使って，次のように表すこともできます．

$$\mathrm{rot}\,\boldsymbol{E} = \begin{vmatrix} \boldsymbol{i} & \boldsymbol{j} & \boldsymbol{k} \\ \dfrac{\partial}{\partial x} & \dfrac{\partial}{\partial y} & \dfrac{\partial}{\partial z} \\ E_x & E_y & E_z \end{vmatrix} \tag{I.13b}$$

式 (I.13b) を行列式の演算規則に従って計算すると，式 (I.13a) と同じ結果の式が得られます．

b 変位電流

◆電荷の移動による電流ではないが，一種の電流と見なせるもの！

マクスウェル方程式の式 (I.1) にある $\dfrac{\partial \boldsymbol{D}}{\partial t}$ は，変位電流の密度を表していますが，変位電流は電荷の移動によって起こる伝導電流ではありません．変位電流は絶縁物中などを移動する電束密度 $\boldsymbol{D}$ の時間変化で表されるもので，“ある種の電流と見なせるもの” というふうに理解されています．

式 (I.1) を見ると，この式の左辺には磁場 $\boldsymbol{H}$ が含まれています．変位電流（密度）の時間変化 $\dfrac{\partial \boldsymbol{D}}{\partial t}$ から磁場 $\boldsymbol{H}$ が発生していることになるので，やはり変位電流は一種の電流です．$\dfrac{\partial \boldsymbol{D}}{\partial t}$ の $\boldsymbol{D}$ は電束密度ですが，電束密度 $\boldsymbol{D}$ は電場 $\boldsymbol{E}$ とは誘電率 ε を通して $\boldsymbol{D} = \varepsilon \boldsymbol{E}$ の関係があるので，$\dfrac{\partial \boldsymbol{D}}{\partial t}$ は結局のところ，電場 $\boldsymbol{E}$ の時間変化を表しています．このことは，磁場 $\boldsymbol{B}$ が時間変化すると電場 $\boldsymbol{E}$ が発生するように，電場 $\boldsymbol{E}$ が時間変化すると磁場 $\boldsymbol{H}$ が発生することを表しています．

この現象を近接効果的に解釈すると，電場 $\boldsymbol{E}$ は電気力線の密度ですから，電場 $\boldsymbol{E}$ が時間変化すると，電気力線が時間変化 $\left(\dfrac{\partial \boldsymbol{E}}{\partial t}\right)$ して磁力線が発生し，磁力線の密度の磁束密度 $\boldsymbol{B}$，つまり磁場 $\boldsymbol{H}$ $(=\mu\boldsymbol{B})$ を発生させたと理解できます．変位電流の詳しい説明は次章で行います．

I.2 マクスウェル方程式の直観的な説明

I.2.1 個々の方程式の説明

ここではマクスウェル方程式で使われているベクトル微分演算子の div と rot の数式の内容をイメージ化する機能を活用して，最初に示した前節の式 (I.1〜4) で表される式の物理的な内容を直観的に説明してみることにします．

a 拡張されたアンペールの法則

まず，式 (I.1) の $\mathrm{rot}\,\boldsymbol{H} = \boldsymbol{i} + \dfrac{\partial \boldsymbol{D}}{\partial t}$ は，拡張されたアンペールの法則の式の微分型です．この式で $\boldsymbol{H}$ は磁場，$\boldsymbol{i}$ は電流密度，そして $\boldsymbol{D}$ は電束密度を表しています．この式の元の式は，図 I.3 に示すように，電流からは磁力線が出ることを表すアンペールの法則の式で，微分型は $\mathrm{rot}\,\boldsymbol{H} = \boldsymbol{i}$ となっています．

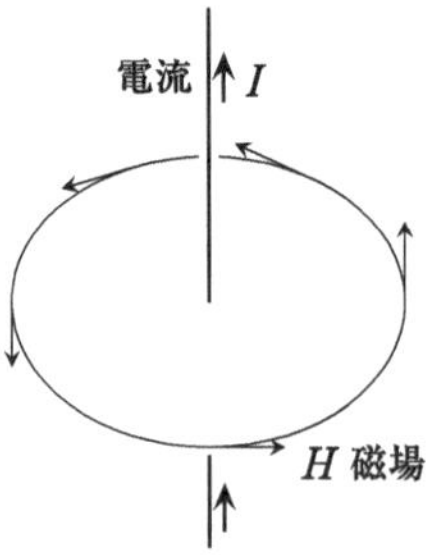

図 I.3 アンペールの法則

この式 $\mathrm{rot}\,\boldsymbol{H} = \boldsymbol{i}$ は，電流（$\boldsymbol{i}$ は密度）の周りには磁力線が循環（rot）していて，これが磁場 $\boldsymbol{H}$ を作っていることを表しています．この式の元の式は電流（密度 $\boldsymbol{i}$）の周りを巡回する磁場 $\boldsymbol{H}$（rot $\boldsymbol{H}$）を 1 周にわたって集める（積分する）と，電流（密度 $\boldsymbol{i}$）になることを表すアンペールの周回積分の法則の式で，式 (I.1) はこの式を微分型に変換したものです．

そして，式 (I.1) の $\mathrm{rot}\,\boldsymbol{H} = \boldsymbol{i} + \dfrac{\partial \boldsymbol{D}}{\partial t}$ は，右辺の電流項に変位電流（密度）の項が加わっているので，伝導電流（密度 $\boldsymbol{i}$）と変位電流（の密度）$\dfrac{\partial \boldsymbol{D}}{\partial t}$ を加えたすべての電流から磁力線が発生していて，これが電流の周囲を循環する（回る）磁場 $\boldsymbol{H}$ を作っているという意味になっています．

b ファラデーの電磁誘導

式 (I.2) の $\mathrm{rot}\,\boldsymbol{E} = -\dfrac{\partial \boldsymbol{B}}{\partial t}$ はファラデーの電磁誘導の法則の式の微分型です．この式は，ある面をよぎる磁束 Φ_m が変化すると（磁束密度 $\boldsymbol{B}$ も変化するので），図 I.4 に示すように，その面を囲む閉曲線に沿って円周上に電気力線が発生して，ここを循環（rot）する電場 $\boldsymbol{E}$ が誘起されることを表しています．そして，この循環する電場 $\boldsymbol{E}$ によって起電力[*2] E_e が生まれていることをファラデーの法則は表しています．ここで，$\boldsymbol{E}$ は電場，$\boldsymbol{B}$ は磁束密度，t は時間，そして Φ_m は磁束を表しています．

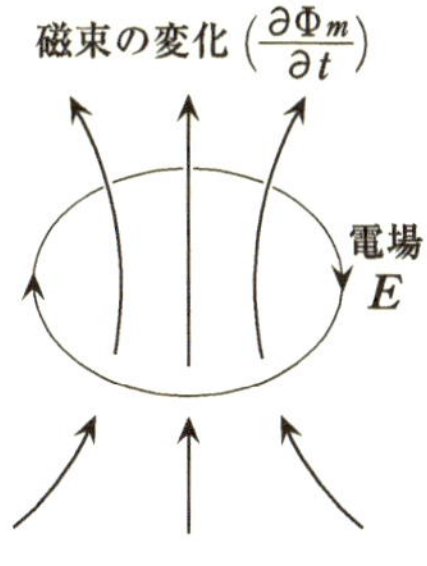

図 I.4 ファラデーの電磁誘導の法則

---

*2 起電力を表す記号には，英語の electromotive force の頭文字に由来する E_e が慣用的に使われますが，電場の $\boldsymbol{E}$ と混乱しないように注意してください．起電力 E_e は電流を生じさせる電位差のことであり（起電力の単位はボルト V です），電場 $\boldsymbol{E}$ とは次元の違う量です．このことはあとの第 2 章の第 2.4 節でも説明します．

c 電場に関するガウスの法則

式 (I.3) の $\operatorname{div}\boldsymbol{D}=\rho$ は電場に関するガウスの法則の式の微分型です．この式で ρ は電荷密度を表しています．前に書いたように $\varepsilon\boldsymbol{E}=\boldsymbol{D}$ の関係があるので，この式は $\varepsilon\operatorname{div}\boldsymbol{E}=\rho$ とも書けます．すると，この式 $\varepsilon\operatorname{div}\boldsymbol{E}=\rho$ は，図 I.5 に示すように，電荷 Q（この密度が ρ）から電場 $\boldsymbol{E}$ の元になる電気力線が発生し，電気力線が空間に湧き出して（div）いることを表しています．電気力線の密度はあとの章で示すように数式的に電場 $\boldsymbol{E}$ と等しいので，電荷密度 ρ から電場 $\boldsymbol{E}$ が湧き出して（div）いると解釈できます．

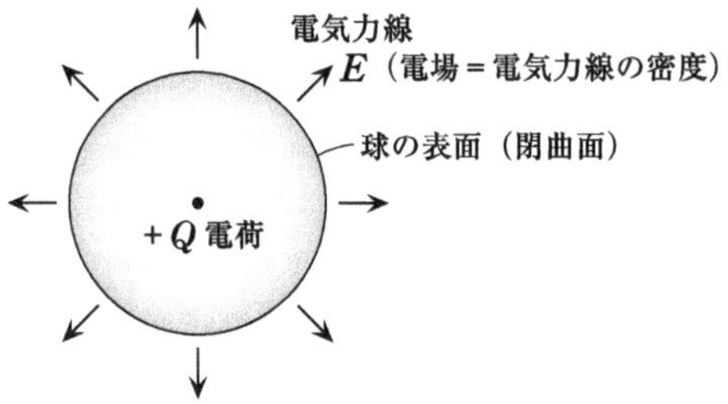

図 I.5　電場に関するガウスの法則

d 磁場に関するガウスの法則

式 (I.4) の $\operatorname{div}\boldsymbol{B}=0$ は磁場に関するガウスの法則の式の微分型です．この式は，直接的に解釈すると，“磁束密度 $\boldsymbol{B}$ の湧き出し（div）はない”となります．実は，あとで詳しく説明しますが，磁力線が湧き出す磁荷は存在しません．だから，電気力線のときのように，磁力線（この束が磁束 Φ_m）が点状の発生源から発生して，その密度が磁束密度となるような現象は起こらないのです．磁束は電流などから発生しますが，図 I.6 に示すように，磁束が閉曲面に (a) のように囲まれていても，(b) のように閉曲面をよぎっていても，この磁束は電流などの周りを循環していて，どこからも湧き出していないのです．だから，この式は，磁束の湧き出しは起こらないで，磁束は循環していることを暗に示していることになります．

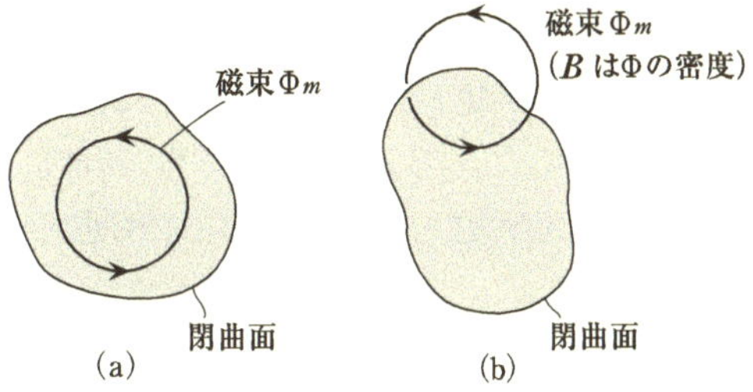

図 I.6 磁場に関するガウスの法則

I.2.2 マクスウェル方程式が体系的な式とはどういう意味か？

◆マクスウェル方程式は式の寄せ集めではなく体系的な電磁気学の基本式である

実は，4 個の数式で構成されるマクスウェル方程式は，独立したバラバラな 4 個の式の寄せ集めではなく，変位電流の導入によって 4 個の式がお互いに関連する体系的な電磁気学の基本式になっているのです．このことを典型的に表しているのは，マクスウェル方程式から波動方程式が導かれ，この式を解いた解から電磁波が生まれたことです．このいきさつについては，あとの第 4 章で詳しく説明することにしています．

ここではマクスウェル方程式の 4 個の式が連携して一つの統一した式として働き，電場 $\boldsymbol{E}$ と磁場 $\boldsymbol{H}$ の関係が導かれる例を見てみましょう．いま，電場 $\boldsymbol{E}$ と磁場 $\boldsymbol{H}$ が存在する場所として，導体が存在しない真空などの空間を想定します．するとこのとき，電流（密度 $\boldsymbol{i}$）は流れることはできません．また，この空間には電荷 Q も存在しないと仮定すると，電荷密度 ρ も 0 になります．したがって，$\boldsymbol{i}=\boldsymbol{0}$，$\rho=0$ の条件が成り立ちます．

式 (I.1〜4) で表されるマクスウェル方程式にこれらの条件（$\boldsymbol{i}=\boldsymbol{0}$，$\rho=0$）を代入すると，マクスウェル方程式から次の矢印の右側の式が得られます．

$$\mathrm{rot}\,\boldsymbol{H}=\boldsymbol{i}+\frac{\partial \boldsymbol{D}}{\partial t} \quad\rightarrow\quad \mathrm{rot}\,\boldsymbol{H}=\varepsilon_0\frac{\partial \boldsymbol{E}}{\partial t} \tag{I.14}$$

$$\mathrm{rot}\,\boldsymbol{E}=-\frac{\partial \boldsymbol{B}}{\partial t} \quad\rightarrow\quad \mathrm{rot}\,\boldsymbol{E}=-\mu_0\frac{\partial \boldsymbol{H}}{\partial t} \tag{I.15}$$

$$\mathrm{div}\,\boldsymbol{D}=0 \quad\rightarrow\quad \mathrm{div}\,\boldsymbol{E}=0 \tag{I.16}$$

$$\mathrm{div}\,\boldsymbol{B}=0 \quad\rightarrow\quad \mathrm{div}\,\boldsymbol{H}=0 \tag{I.17}$$

ここでは以下の説明をわかりやすくするために，電束密度 $\boldsymbol{D}$ を電場 $\boldsymbol{E}$ に直し，また，磁束密度 $\boldsymbol{B}$ を磁場 $\boldsymbol{H}$ に直した各式を，矢印の右側に示しておきました．なお，式 (I.14, 15) の ε_0 と μ_0 は，真空[*3]の誘電率と透磁率です．

これらのマクスウェル方程式 (I.14〜17) の矢印の右側の式から，次のことがいえます．すなわち，式 (I.16, 17) に示すように電場 $\boldsymbol{E}$ の（電荷からの）湧き出しがなく，磁場 $\boldsymbol{H}$ の湧き出しもないという条件において成り立つのですが，式 (I.14, 15) に示すように，電場 $\boldsymbol{E}$ が時間変化（$\dfrac{\partial \boldsymbol{E}}{\partial t}$）すると，その周りに磁場 $\boldsymbol{H}$ が循環（rot）状に発生し，磁場 $\boldsymbol{H}$ が時間的に変化（$\dfrac{\partial \boldsymbol{H}}{\partial t}$）すると，その周りに電場 $\boldsymbol{E}$ が循環（rot）状に発生することがわかります．

すなわち，電場 $\boldsymbol{E}$ と磁場 $\boldsymbol{H}$ が相互に時間的に変化する（時間 t による偏微分で表される）ことによって，それぞれ磁場 $\boldsymbol{H}$ と電場 $\boldsymbol{E}$ が発生することがわかります．だから，真空中や空気中の電荷や電流が存在しない空間においても，磁場 $\boldsymbol{H}$ は電場 $\boldsymbol{E}$（の時間変化 $\dfrac{\partial \boldsymbol{E}}{\partial t}$）によって発生し，電場 $\boldsymbol{E}$ が磁場 $\boldsymbol{H}$（の時間変化 $\dfrac{\partial \boldsymbol{H}}{\partial t}$）によって発生するということをマクスウェル方程式は示しているのです．この場合にも式 (I.14) に見られるように，変位電流（ここでは $\dfrac{\partial \boldsymbol{E}}{\partial t}$）が問題を解く重要な“鍵”の役割を果たしているのがわかります．

この節の最後に当たって，最初に約束しましたように，cgs-Gauss 単位系の表記法で表されるマクスウェル方程式を示しておきますと，式 (I.1〜4) に対応して次のようになっています．

$$\mathrm{rot}\,\boldsymbol{B} = \frac{4\pi}{c}\boldsymbol{i} + \frac{1}{c}\frac{\partial \boldsymbol{E}}{\partial t} \tag{I.18}$$

$$\mathrm{rot}\,\boldsymbol{E} = -\frac{1}{c}\frac{\partial \boldsymbol{B}}{\partial t} \tag{I.19}$$

$$\mathrm{div}\,\boldsymbol{E} = 4\pi\rho \tag{I.20}$$

$$\mathrm{div}\,\boldsymbol{B} = 0 \tag{I.21}$$

同じマクスウェル方程式ですが，SI 単位系で表示した場合と cgs-Gauss 単

[*3] 真空の代わりに空気を想定しても，実際上はほとんど差は生じません．空気の誘電率は真空の誘電率と 0.05 %程度，空気の透磁率は真空の透磁率と 0.0005 %程度の違いしかありません．

位系で表示した場合では，ずいぶん違って見えます．読者の中には困惑している人も多いと思われますので，二つの場合の表記法の間の相互変換方法について付録Aで説明することにします．付録Aを参照しながら読んでいただければ，双方向の変換が容易に行えますので，マクスウェル方程式の表示法に対する不安は解消できると思います．

I.3 E-H 対応と E-B 対応

電気と磁気の対応関係の記述法には電場 $\boldsymbol{E}$ と磁場 $\boldsymbol{H}$ を対応させる $\boldsymbol{E}$-$\boldsymbol{H}$ 対応と，電場 $\boldsymbol{E}$ と磁束密度 $\boldsymbol{B}$ を対応させる $\boldsymbol{E}$-$\boldsymbol{B}$ 対応があります．$\boldsymbol{E}$-$\boldsymbol{B}$ 対応では，電流によって磁力線（磁束密度 $\boldsymbol{B}$）が発生して磁場（$\boldsymbol{H}$ または $\boldsymbol{B}$）が生まれますので，$\boldsymbol{E}$ と $\boldsymbol{B}$ を対応させて電磁気学を組み立てています．この立場では磁場として電流の作る磁場（磁束密度 $\boldsymbol{B}$）が基本になると考えるからです．

$\boldsymbol{E}$-$\boldsymbol{H}$ 対応では磁場 $\boldsymbol{H}$ の発生源として，磁荷というものを一応は想定しています．しかし，磁荷は実際には存在しませんので，論理的には $\boldsymbol{E}$-$\boldsymbol{B}$ 対応のほうが妥当で，かつ，すっきりしています．しかし，$\boldsymbol{E}$-$\boldsymbol{B}$ 対応の場合にも，語句としては磁場 $\boldsymbol{H}$ も使われ，磁束密度 $\boldsymbol{B}$ と磁場 $\boldsymbol{H}$ の関係としては，$\boldsymbol{E}$-$\boldsymbol{H}$ 対応のときと同じように，$\boldsymbol{B} = \mu_0 \boldsymbol{H}$ の関係が使われています．だから，$\boldsymbol{E}$-$\boldsymbol{B}$ 対応では，磁束密度 $\boldsymbol{B}$ が“磁場”と呼ばれることもあり，ちょっとした混乱も起こります．

そこで本書では，形式上でだけ $\boldsymbol{E}$-$\boldsymbol{H}$ 対応を使うことにします．しかし，磁場 $\boldsymbol{H}$ は形式的に使うだけであって，磁気はあくまでも電荷の移動（運動）によって発生すると考えますので，理論的にも問題はありません．それに本書ではマクスウェル方程式だけを扱いますので，磁荷を使う必要も機会もありません．したがって，理論上も問題が生じることは全くありません．

$\boldsymbol{E}$-$\boldsymbol{H}$ 対応と $\boldsymbol{E}$-$\boldsymbol{B}$ 対応の顕著な違いは，磁化という磁気現象に現れます．磁化は $\boldsymbol{M}$ という記号で書かれ，$\boldsymbol{E}$-$\boldsymbol{H}$ 対応では磁化は $\boldsymbol{M} = \boldsymbol{B} - \mu \boldsymbol{H}$ となり，$\boldsymbol{E}$-$\boldsymbol{B}$ 対応では $\boldsymbol{M} = \dfrac{\boldsymbol{B}}{\mu} - \boldsymbol{H}$ となります．また，$\boldsymbol{E}$-$\boldsymbol{H}$ 対応と $\boldsymbol{E}$-$\boldsymbol{B}$ 対応の長所と短所については次のことがいえます．$\boldsymbol{E}$-$\boldsymbol{H}$ 対応は磁荷という実在

しないものを基本要素の一つとして使うのでやや虚構的な面がありますが，磁気と静電気との対応関係が明確にわかるために磁気現象についての見通しがよく，磁気がわかりやすいという利点があります．

一方，$\boldsymbol{E}$-$\boldsymbol{B}$ 対応は電流によって磁束密度（磁気）が発生することを基本に置いているので，理論的な整合性に優れています．しかし，静電気と磁気との対応関係を表しにくい難点があるために，磁気現象についての見通しが悪く，磁気と電気との対応関係がわかりにくいという欠点があります．

演習問題 Problems

問 I-1 二つのナブラ ∇ のスカラー積 $\nabla\cdot\nabla$ の計算を具体的にベクトル演算を使って実行し，計算結果を示せ．

問 I-2 電場 $\boldsymbol{E}$ は電位 V を使って，$\boldsymbol{E} = -\,\mathrm{grad}\,V$ で表される．このことを，具体例も使って説明せよ．

問 I-3 本文の式 (I.13b) で表される行列式の値を具体的に計算し，式 (I.13a) と等しくなることを示せ．

解答 Solutions

答 I-1

$$\begin{aligned}
\nabla\cdot\nabla &= \left(\frac{\partial}{\partial x}\boldsymbol{i}+\frac{\partial}{\partial y}\boldsymbol{j}+\frac{\partial}{\partial z}\boldsymbol{k}\right)\cdot\left(\frac{\partial}{\partial x}\boldsymbol{i}+\frac{\partial}{\partial y}\boldsymbol{j}+\frac{\partial}{\partial z}\boldsymbol{k}\right)\\
&= \frac{\partial^2}{\partial x^2}\boldsymbol{i}\cdot\boldsymbol{i}+\frac{\partial^2}{\partial y^2}\boldsymbol{j}\cdot\boldsymbol{j}+\frac{\partial^2}{\partial z^2}\boldsymbol{k}\cdot\boldsymbol{k}+\frac{\partial^2}{\partial x\partial y}\boldsymbol{i}\cdot\boldsymbol{j}+\frac{\partial^2}{\partial y\partial z}\boldsymbol{j}\cdot\boldsymbol{k}\\
&\quad+\frac{\partial^2}{\partial z\partial x}\boldsymbol{k}\cdot\boldsymbol{i}+\frac{\partial^2}{\partial y\partial x}\boldsymbol{j}\cdot\boldsymbol{i}+\frac{\partial^2}{\partial z\partial y}\boldsymbol{k}\cdot\boldsymbol{j}+\frac{\partial^2}{\partial x\partial z}\boldsymbol{i}\cdot\boldsymbol{k}\\
&= \frac{\partial^2}{\partial x^2}+\frac{\partial^2}{\partial y^2}+\frac{\partial^2}{\partial z^2}\\
&\because\ \ \boldsymbol{i}\cdot\boldsymbol{i}=1,\ \ \boldsymbol{j}\cdot\boldsymbol{j}=1,\ \ \boldsymbol{k}\cdot\boldsymbol{k}=1,\ \ \boldsymbol{i}\cdot\boldsymbol{j}=0,\ \ \boldsymbol{j}\cdot\boldsymbol{k}=0\\
&\qquad \boldsymbol{k}\cdot\boldsymbol{i}=0,\ \ \boldsymbol{j}\cdot\boldsymbol{i}=0,\ \ \boldsymbol{k}\cdot\boldsymbol{j}=0,\ \ \boldsymbol{i}\cdot\boldsymbol{k}=0
\end{aligned}$$

答 I-2 電場 $\boldsymbol{E}$ が電位 V の $-\,\mathrm{grad}\,V$ で表されるのは，電場 $\boldsymbol{E}$ が電位 V の傾きだからである．$\mathrm{grad}\,V$ は 1 次元の x 成分のみで表すと $\dfrac{dV}{dx}$ となるが，これは勾配なので簡単には $\dfrac{V}{x}$ となる．いま，電位が 100 V の場所から 10 m 離れた位置

の電場の大きさ E を計算すると，$E = \dfrac{100\,[\mathrm{V}]}{10\,[\mathrm{m}]} = 10\,[\mathrm{V/m}]$ と求めることができる．

答 I-3　行列式 (I.13b) を具体的に計算すると，図 IP.1 に示すサラスの方法を使って，次のように書き下すことができる．すなわち，

$$
\begin{aligned}
(\mathrm{I.13b}) &= \frac{\partial E_z}{\partial y}\boldsymbol{i} + \frac{\partial E_x}{\partial z}\boldsymbol{j} + \frac{\partial E_y}{\partial x}\boldsymbol{k} - \left(\frac{\partial E_x}{\partial y}\boldsymbol{k} + \frac{\partial E_z}{\partial x}\boldsymbol{j} + \frac{\partial E_y}{\partial z}\boldsymbol{i}\right) \\
&= \left(\frac{\partial E_z}{\partial y} - \frac{\partial E_y}{\partial z}\right)\boldsymbol{i} + \left(\frac{\partial E_x}{\partial z} - \frac{\partial E_z}{\partial x}\right)\boldsymbol{j} + \left(\frac{\partial E_y}{\partial x} - \frac{\partial E_x}{\partial y}\right)\boldsymbol{k}
\end{aligned}
$$

と計算できる．

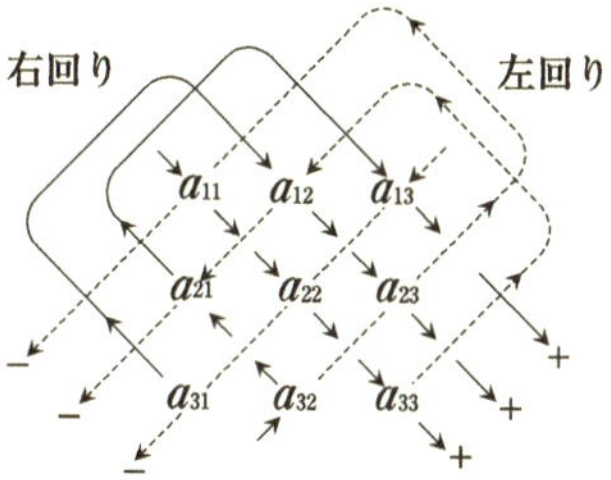

図 IP.1　サラスの方法（行列式の計算方法）

第1章

近接作用の発想,
そして電磁場と変位電流

── ファラデーとマクスウェルの深い考察

ファラデーが提唱し,マクスウェルが踏襲した近接作用について,そのアイデアの発端からマクスウェル方程式に集約されるまでをまず見ていきます.このあと,マクスウェル方程式の4個の式を結びつけた変位電流について述べます.変位電流がマクスウェル方程式に導入された経緯をまず紹介したあと,変位電流の正体を明らかにするためと,これに親しみを持つために,コンデンサを流れる電流が変位電流であることを示します.最後に,変位電流こそ,マクスウェル方程式と電磁波を納得して理解する"鍵"であることを説明します.

MAXWELL'S EQUATIONS CHAPTER 01

1.1 ファラデーの力線による空間の“ゆがみ”と電場

1.1.1 ファラデーが場の概念を考え出したいきさつ

◆電気の多部門で大活躍したファラデー！

ファラデー（M. Faraday, 1791〜1867．図 1.1）は電気の 3 部門で驚くべき業績を挙げています．それらは電磁誘導，電気分解のファラデーの法則，そして誘電体の静電容量の研究です．電磁誘導はマクスウェル方程式にも含まれている，電気の最も重要な法則の一つです．電気分解のファラデーの法則は，電気分解で析出する物質量は電極を流れる電気量に比例するという，電気分解の基本法則です．

図 1.1 ファラデー

また，誘電体の研究ではコンデンサの静電容量が電極間に挟む誘電体の種類に依存することを発見しています．この業績によって，静電容量の単位にファラデーにちなんだファラッド [F] が使われています．一般の人にとっては 3 個もの部門で凄い研究を行ったのは驚きですが，ファラデーの頭の中ではこれら 3 部門の研究は密接に関連していたようです．

ここで説明する主題はファラデーが最初に提唱した“場”（フィールド，field）の概念ですが，彼はこの概念を電荷の研究で思いつき，このアイデアを電気分解や誘電体の電気現象の研究の中で確かめて，電気力の近接作用の考えにたどり着くのです．

◆電気力は空間のゆがみを通して伝達される

二つの電荷 Q_1 と Q_2 が距離 r 離れて誘電率が ε_0 の真空の空間中に置かれると，電荷 Q_1 と Q_2 の間には，次の式で表される大きさのクーロン力 F_c が働きます．

$$F_c = \frac{Q_1 Q_2}{4\pi\varepsilon_0 r^2} \tag{1.1}$$

当時は，このクーロン力 F_c は二つの電荷 Q_1 と Q_2 の間で，何らの媒介物なしに，直接働くと考えられていました．

ファラデーと同時代の科学者たちは，このクーロン力は二つの電荷の間に存在する空間を素通りして直線的に働くので，直達力と呼んでいました．直達力の考えは，最初ニュートンによって万有引力の説明に使われ，その後クーロン力に対しても適用されていたのです．“力を及ぼしあう物体の間に媒介物が存在することなく力が働く”という力の作用の仕方は，遠隔作用と呼ばれます．

しかし，ファラデーは媒介物なしに電荷の間に力が直接働くという考えには納得できませんでした．ファラデーは帯電体に関する彼の実験についての深い考察から，電荷の帯電した帯電体の周りの空間に“電気的なゆがみ”が発生し，このゆがみが空間を伝わって他の帯電体に電気的な力を及ぼすという考えに到達していたのです．

ファラデーは最初，二つの電荷の間に働く力の作用の仕方を解釈しようとしてこの着想にたどり着いたのですが，このあと行った電気分解の実験で，このことを確信したといわれています．

◆電気分解における溶液粒子の分解は溶液全体で起こる！

電気分解では溶液に電流を流すことによって溶液の粒子が分極し，これが分解して電極に析出します．このような物質の析出現象をファラデーは詳しく観察しました．

電気力が直達力的に作用するとすれば，分極は電極間を結ぶ直線に沿って優先的に起こるはずです．しかし，ファラデーは，分極が電極間を結ぶ直線に沿った場所に存在する溶液だけで起こっているわけではなく，溶液全体で起こっている，ということに気づいたのです．この現象は，“電極からの電気力が溶液全体に及んでいて，電気力が溶液全体に一種のゆがみを作り，これが溶液の粒子を分極させた”と解釈したほうが自然である，とファラデーは考えたのです．

また，誘電体（絶縁物質）を2枚の電極で挟んでこれに電気を加えると，誘電体は分極を起こします．ファラデーは，この誘電分極の実験においても，

- 分極が電極間を結ぶ直線上の近傍だけでなく，直線からそれた（誘電体全体に及ぶ）多くの曲線上で起こること
- しかも，電極の間に数種の絶縁体を置くと，絶縁体の種類によって分極の状態が異なること

を見出したのです．

◆実験結果に対する深い考察から生まれた力線のアイデア

ファラデーはこれらの電荷，電気分解，そして誘電体の実験を通して電気力は，電荷や電極などの電気の発生源から直線状にだけではなく，発生源を出発点として無限に存在する多くの曲線にそって働くと確信しました．そして，この電気力の曲線をファラデーは“力線”と呼びました．

図1.2に示すように，力線は電荷を発生源として湧き出しており，破線で示す力線の密度は発生源の近傍で大きく，発生源から距離が離れるに従って小さくなると考えました．だから，電荷や電極などの力線の発生源に近い場所では空間の電気的なゆがみが大きく，発生源から離れるに従って空間のゆがみが小さくなると考えたのです．

ファラデーは磁気についても詳しく調べましたが，この実験においてはファラデーの力線は磁力線になります．彼は磁力線を詳しく観察して，力線による空間の電磁気的なゆがみの発生の考えを確固たるものにしたといわれています．

すなわち，棒磁石の上に薄い紙を敷き，その上に鉄粉を撒（ま）くと，鉄粉が図1.3に示すように，磁石のN極とS極の間に磁力線の模様を描くことを見出

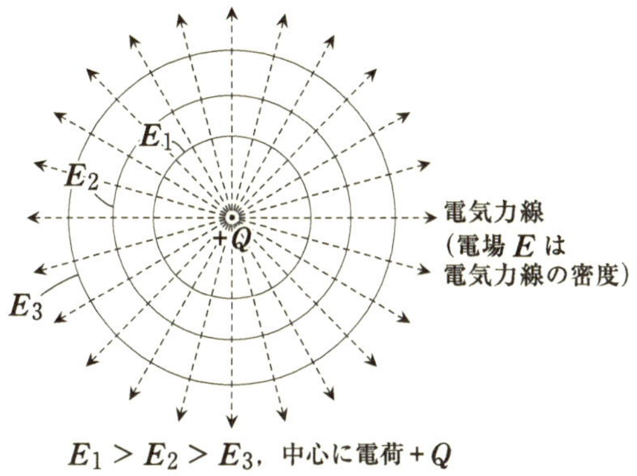

図 1.2 ファラデーの力線（微小矢印が力線を表す）

しました．ファラデーはこの磁力線の模様に魅惑され，暇さえあれば磁力線の模様を観察したといわれています．ファラデーの一種異様なほどの情熱に，私は最初“少し変な人だな？”とさえ思ってしまいましたが，ともかくファラデーは磁力線の模様の中に力線を想像して，電磁気に対する洞察を深めていったのです．

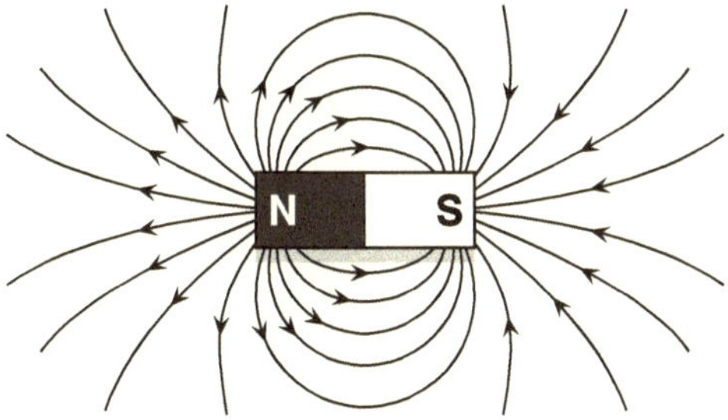

図 1.3 磁力線

◆ファラデーの場の概念と近接作用

ファラデーは，電荷（+ 極，− 極）や磁極（N 極，S 極）から出入りする力線は周辺の空間を電気的または磁気的にゆがめると考えました．そして，空間のこのような電磁気的なゆがみの状態をファラデーは力線の作る場(field)と考えました．ファラデーは，電荷から出る電気力線によって空間に電気的なゆがみの場が作られ，磁極から出る磁力線によって空間に磁気的なゆがみの場が作られると考えました．

この場の考えを使うと，二つの電荷の間に働く力は次のように解釈できます．いま，空間の離れた位置にA，B二つの電荷があるとすると，二つの電荷の間には次のようにして力が働くと考えられます．すなわち，電荷Aから電気力線が発生して，これが周囲の空間を電気的にゆがめて電気的な場を作り，この場を介して，Aからの電気的な力がもう一つの電荷Bに到達し，AとBの間に電気的な力が働きます．このように，二つの電荷の間に作られる場を通して力が作用するような力の働き方は，近接作用と呼ばれます．以上のようにしてファラデーは近接作用の考えに到達したのでした．

1.1.2 マクスウェルによる近接作用の継承と電磁場

マクスウェル（J. C. Maxwell, 1831～1879．図1.4）は，高度な数学の素養を備え，しかも実験も巧みな天才的な理論物理学者でした．一方，ファラデーは数学がからっきしダメな人だったそうですが，マクスウェルはファラデーを決して低く見ることはなく，常に敬意を払い非常に尊敬していました．世の中には数学に弱い実験屋（実験物理学者のこと）を小馬鹿にするような理論家もいるようですが，マクスウェルを見ていると，このような心ない態度をとるのは中途半端な理論家なのかもしれない気がします．話が脱線しました．元に戻しましょう．

ファラデーは貧しい生い立ちのために小学校にもろくに通うことはできませんでした．小さい時から本屋で丁稚(でっち)奉公として働いたので数学を学ぶ機会がなく，数式には全く弱かったのです．彼の偉大な成果である電磁誘導の法則は，マクスウェル方程式にも含まれる深遠な数式で表されていますが，これはファラデーが作ったものではないのです．電磁誘導を表す内容を数式の形に整えたのはノイマン（F. E. Neumann, 1798～1895）でした．ノイマンはファラデーが電磁誘導を発見したときに発表した（文章で書かれた）内容

図 1.4 マクスウェル

を吟味して数式化したのでした.

ファラデーは電気現象を数学的に定式化するよりも，実験において稀(まれ)に見る素晴らしい才能を発揮しました．実験技術が優れていることはもちろんのこと，新しい実験手法を次々と考案し，あらゆる工夫を凝らして数々の発見をしました．また，ファラデーは実験結果に対して深い考察を行い，上に述べたような電気力線や磁力線などの力線を考え出すとともに，これらの力線が空間にゆがみを発生させて場を形成するという，場の概念に到達したのです.

マクスウェルはこれらのファラデーの研究を徹底的に調べたといわれています．そして，彼はファラデーの近接作用の考えとこれに基づく場の概念を全面的に支持するとともに，マクスウェル自らも近接作用を使って電気力や磁気力を理解しました．こうして，マクスウェルはファラデーの電磁気的なゆがみの場を電磁場と呼び，電気的なゆがみの場を電場，磁気的なゆがみの場を磁場としました.

そして，マクスウェルは近接作用の考え方の下に電場 $\boldsymbol{E}$ と磁場 $\boldsymbol{H}$（または磁束密度の $\boldsymbol{B}$）を使って，マクスウェル方程式を構築しました．この過程で，電場 $\boldsymbol{E}$ や磁場 $\boldsymbol{H}$（または $\boldsymbol{B}$）とそれらが折り重なって起きる電磁気現象を近接作用の考えに従って数式で表現するには，ベクトル微分演算子を使うのが最もよい，とマクスウェルは考えたのでした.

1.2 マクスウェルの導入した奇妙な電流：変位電流

1.2.1 マクスウェル方程式誕生のいきさつ

◆電磁気学の体系的な基本式を作る！

マクスウェルは，ファラデーの考えた力線について非常に興味を持って調べ，「ファラデーの力線について」という論文を書いています．この論文を書いたあと，マクスウェルは電磁気学の基本事項について論じ，『電磁気論』という本を出版しました．実は，式の形は現在の形と同じではないようですが，この本にマクスウェル方程式が記されているのです．

電磁気学には重要ないくつかの法則とこれを表す式があり，それらはそれぞれ独立に成り立つものです．ですから，これらの式はお互いに無関係なそれぞれ別個のものであると考えられていました．現在も，一部にはこのような描像の名残りがあります[*1]．しかし，マクスウェルはこれらの法則の式を関連付けて，体系的な電磁気学の基本式を構築することを考えました．

このとき，マクスウェルはこれまで知られている電磁気学の重要な式を使い，かつファラデーの提唱した近接作用に従って，力線のアイデアを用いて電磁気学の基本式を組み立てました．そして，彼はこうして構築する電磁気学の基本式はすべての電磁気学の問題に対応できる体系的なものでなければならないと考えました．

マクスウェルが基本式を組み立てるに当たって選んだ電磁気学の基本的な法則は，アンペールの法則，ファラデーの電磁誘導の法則，電場に関するガウスの法則，および磁場に関するガウスの法則の4個でした．これらの法則はすべて電磁気学の本質を表す基本的な式ばかりです．しかし，これらの法則を表す式はそれぞれ独立に成立する式なので，4個の式をただ並べただけでは電磁気学の体系的な基本式にはなりません．

[*1] 例えば，二つの棒磁石のN極とS極が引き合う巨視的な力は，棒磁石内部の電子の角運動量が作る微視的な電流に由来します．しかし，原子レベルで起こっている現象を無視して，巨視的な“磁荷”（実在しない）があたかも実在するかのように扱うほうが，計算が簡単になる場合があります．これは磁気と電気が無関係だという描像を利用しているといえるでしょう．関連する話題を第2章の第2.5節でも述べます．

◆マクスウェルの思想：基本式は近接作用の考えで組み立てるべき

彼の考える基本式が電磁気学の体系的な式になるには，4 個の式がお互いに矛盾することなく成立する必要があります．しかも，これらの式はファラデーの近接作用に従ったものでなくてはならないとマクスウェルは考えました．近接作用の考えでは電荷や電流から放出される力線によって“場”が作られ，これが他の電荷や電流に影響を与えると考えていますが，このファラデーの考えた“場”が電磁気学において基本的に重要な役割を果たしている，とマクスウェルは考えたのです．

そして，マクスウェルは電気力線の作る場を電場 $\boldsymbol{E}$ とし，磁力線（磁気の力線）の作る場を磁場 $\boldsymbol{H}$（または磁束密度 $\boldsymbol{B}$）として，これらを使って電磁気学の基本式であるマクスウェル方程式を組み立てました．ただ，磁場については，電気力線を発生する電荷のような磁荷は実在しませんので，磁束（磁力線の束と解釈できる）の密度である磁束密度 $\boldsymbol{B}$ を主に採用すべきだと考えました．それと同時に，磁束密度 $\boldsymbol{B}$ に対応させて，電気においても電束密度 $\boldsymbol{D}$ も採用すべきだと考えました．

幸いなことに，真空中[*2]では磁束密度 $\boldsymbol{B}$ と磁場 $\boldsymbol{H}$ の間，および電束密度 $\boldsymbol{D}$ と電場 $\boldsymbol{E}$ との間には，次の式で表される比例関係が成り立つことがわかっていました．

$$\boldsymbol{B} = \mu_0 \boldsymbol{H} \tag{1.2}$$

$$\boldsymbol{D} = \varepsilon_0 \boldsymbol{E} \tag{1.3}$$

ここで，μ_0 と ε_0 は真空の透磁率と誘電率です．これらの μ_0 と ε_0 は一種の係数ですから，$\boldsymbol{B}$ と $\boldsymbol{H}$ および $\boldsymbol{D}$ と $\boldsymbol{E}$ はそれぞれ同じような物理量を意味していると考えられます．式 (1.3) の関係については Column 1-1 を参照してください．

だから，マクスウェル方程式では磁束密度の $\boldsymbol{B}$ は磁場 $\boldsymbol{H}$ と同じように取り扱われますし，電束密度 $\boldsymbol{D}$ は電場 $\boldsymbol{E}$ と同じように扱われます．こうしてマクスウェル方程式で使われる基本の物理量として電場 $\boldsymbol{E}$，電束密度 $\boldsymbol{D}$，磁

[*2] 真空の代わりに空気を考えても実用上は差し支えありません．

場 $\boldsymbol{H}$，そして磁束密度 $\boldsymbol{B}$ が使われることになったのです．

Column 1-1 電束密度 D と電場 E の関係について

電束密度 $\boldsymbol{D}$ は発生源の電荷 Q の値が一定である限り，置かれた位置の雰囲気によって変わることはありません．しかし，誘電体の中では分極が起こり分極電荷が発生するので，誘電体の中では電束密度 $\boldsymbol{D}$ は次の式で表されます．

$$\boldsymbol{D} = \varepsilon_0 \boldsymbol{E} + \boldsymbol{P} \tag{C1.1a}$$

ここで，$\boldsymbol{E}$ は誘電体中を含む真空中以外での電場を表すとします．また，$\boldsymbol{P}$ は誘電体に電場を加えたときに起こる電気分極を表すもので，ベクトル（量）です．また，電気分極によって発生する分極電荷密度は σ_P で表されますが，これは分極 $\boldsymbol{P}$ を使って $\sigma_P = |\boldsymbol{P}|$ となります．

分極電荷密度 σ_P を使うと，式 (C1.1a) の電束密度の大きさ D は次の式で表されます．なお，ここでは電場としても電場の大きさ E を使います．

$$D = \varepsilon_0 E + \sigma_P \tag{C1.1b}$$

真空中では分極は起こらないので，$\boldsymbol{P} = \boldsymbol{0}$ となります．したがって，真空中の電束密度は，真空の電場を $\boldsymbol{E}_0$ で表すと，次のようになります．

$$\boldsymbol{D} = \varepsilon_0 \boldsymbol{E}_0 \tag{C1.2}$$

なお，この電束密度と電場の関係の $\boldsymbol{D} = \varepsilon \boldsymbol{E}$ は，誘電率に一般的な ε を使えば，一般の物質中でも成り立ちます．詳細はこの章の末に載せた演習問題の問 1-2 と問 1-3 およびこれらの解答でも述べますが，次のように電気感受率というものを使うと簡単に説明できます．

すなわち，電気分極 $\boldsymbol{P}$ は電場 $\boldsymbol{E}$ に比例し，比例係数を $\varepsilon_0 \chi_e$ として次の式で表されます．

$$\boldsymbol{P} = \varepsilon_0 \chi_e \boldsymbol{E} \tag{C1.3}$$

この式 (C1.3) の係数 χ_e は電気感受率と呼ばれるもので，誘電分極の起こりやすさを表すものです．この係数 χ_e を使うと，式 (C1.1a) は次のようになります．

$$\boldsymbol{D} = \varepsilon_0 \boldsymbol{E} + \varepsilon_0 \chi_e \boldsymbol{E} = \varepsilon_0 (1 + \chi_e) \boldsymbol{E} \tag{C1.4}$$

電気感受率 χ_e に 1 を加えて，真空の誘電率 ε_0 との積をとると，

$$\varepsilon = \varepsilon_0 (1 + \chi_e)$$

と，誘電体の誘電率 ε に等しくなります．したがって，誘電体の中も含めて，一般に電束密度 $\boldsymbol{D}$ と電場 $\boldsymbol{E}$ の間には，先に述べたように次の比例関係が成り立ちます．

$$\boldsymbol{D} = \varepsilon \boldsymbol{E} \tag{C1.5}$$

一方，コンデンサに蓄えられる電荷は，電極間が真空のときには，これを Q_0 とすると，次の式で与えられます．

$$Q_0 = \frac{\varepsilon_0 S}{d} V \tag{C1.6}$$

ここで，S，d，V はそれぞれ，コンデンサの電極面積，電極間距離，および電極間の電位差です．また，電極間に誘電率 ε の誘電体が挿入されると，蓄えられる電荷 Q は次のようになります．

$$Q = \frac{\varepsilon S}{d} V \tag{C1.7}$$

そして，この電荷 Q は電極間が真空のときの電荷 Q_0 に分極電荷 $S\sigma_P$ を加えて，次の式

$$Q = Q_0 + S\sigma_P \tag{C1.8}$$

で表されます．

◆近接作用を表現する最適な道具としてベクトル微分演算子が使われた

マクスウェルは，電磁気現象に対する基本的な考えとして近接作用を採用しました．したがって，“電場 $\boldsymbol{E}$ は電気力線によって作られ，磁場 $\boldsymbol{H}$（磁束

密度 $\boldsymbol{B}$）は磁力線によって作られる”というイメージが基本式に現れている必要がある，とマクスウェルは考えました．このことを数式で表すのに最も適切な数式の記号としてベクトル微分演算子が使われたのです．

なぜかといいますと，序章で説明したようにベクトル微分演算子は数式の物理的な内容を，力線を用いて表現するような機能を持っているからです．例えば，div は発散とか湧き出しの意味を持っていますが，この div を使うことによって，数式に電気力線（電場 $\boldsymbol{E}$）や磁力線（磁場 $\boldsymbol{H}$ または $\boldsymbol{B}$）の湧き出しとか発散が起こっている状況の意味を持たせることができるのです．また，rot には回転とか循環の意味がありますが，これを使うと電流の周りに磁力線が発生して磁場 $\boldsymbol{B}$ が生まれる状況をうまく表すことができます．

以上の考察に従って，マクスウェルは，上で説明した電磁気学の 4 個の基本的な法則の式をすべてベクトル微分演算子を使って整理しました．そして，ベクトル微分演算子を使って書き直した式を使って，次の 4 個の方程式を次のように並べてみました．

$$\mathrm{rot}\,\boldsymbol{H} = \boldsymbol{i} \tag{1.4}$$

$$\mathrm{rot}\,\boldsymbol{E} = -\frac{\partial \boldsymbol{B}}{\partial t} \tag{1.5}$$

$$\mathrm{div}\,\boldsymbol{D} = \rho \tag{1.6}$$

$$\mathrm{div}\,\boldsymbol{B} = 0 \tag{1.7}$$

ここで，$\boldsymbol{i}$ は電流密度，ρ は電荷密度です．また，式 (1.4)，式 (1.5)，式 (1.6)，そして式 (1.7) は，それぞれアンペールの法則，ファラデーの電磁誘導の法則，電場に関するガウスの法則，そして磁場に関するガウスの法則の，それぞれベクトル微分演算子を使った微分型の式です．

1.2.2 変位電流誕生のいきさつ

◆基本式の間に矛盾が存在する!?

マクスウェルは電磁気学の体系的な基本式を作る上で，当然のことですが基本式の間でお互いに矛盾が起こってはならないと考え，これら式 (1.4～6) の間に，お互いに矛盾することが存在しないかどうかのチェックを行いました．そのために，式 (1.4) の両辺の発散 div をとってみることにしました．

ここでは少し高度に感じる読者もおられるかもしれませんが，少しばかりベクトル演算を行います．ベクトル演算に慣れていない人は Column 1-2 および Column 1-3 を参照して大意を読みとり，ベクトル演算の詳細は気にしないで読み進めてください．大意さえ読みとれれば，この先を読み進めることに何ら支障は起きないはずです．

Column 1-2 関数 $\boldsymbol{f}$ の発散の $\mathrm{div}\,\boldsymbol{f}$ について

$\mathrm{div}\,\boldsymbol{f}$ は序章において説明したようにナブラ ∇ と関数 $\boldsymbol{f}$ のスカラー積 $\nabla\cdot\boldsymbol{f}$ になるので，次のように計算できます．

$$\nabla\cdot\boldsymbol{f} = \left(\frac{\partial}{\partial x}\boldsymbol{i} + \frac{\partial}{\partial y}\boldsymbol{j} + \frac{\partial}{\partial z}\boldsymbol{k}\right)\cdot(f_x\boldsymbol{i} + f_y\boldsymbol{j} + f_z\boldsymbol{k})$$
$$= \frac{\partial f_x}{\partial x} + \frac{\partial f_y}{\partial y} + \frac{\partial f_z}{\partial z} \tag{C1.9}$$

さて，式 (1.4) の両辺の発散 div をとると，次の式ができます．

$$\mathrm{div}\,\mathrm{rot}\,\boldsymbol{H} = \mathrm{div}\,\boldsymbol{i} \tag{1.8}$$

いま，$\boldsymbol{f}$ を関数とすると，$\mathrm{div}\,\boldsymbol{f}$ は，$\mathrm{div}\,\boldsymbol{f} = \nabla\cdot\boldsymbol{f}$ となるので，Column 1-2 を参照すると，

$$\mathrm{div}\,\boldsymbol{f} = \frac{\partial f_x}{\partial x} + \frac{\partial f_y}{\partial y} + \frac{\partial f_z}{\partial z} \tag{1.9}$$

となります．

したがって，$\boldsymbol{f} = \mathrm{rot}\,\boldsymbol{H}$ とおくと式 (1.8) は次のように書けます．

$$\mathrm{div}\,\mathrm{rot}\,\boldsymbol{H} = \frac{\partial}{\partial x}(\mathrm{rot}\,\boldsymbol{H})_x + \frac{\partial}{\partial y}(\mathrm{rot}\,\boldsymbol{H})_y + \frac{\partial}{\partial z}(\mathrm{rot}\,\boldsymbol{H})_z \tag{1.10}$$

式 (1.10) の右辺の各項は，序章の式 (I.13a) で示されるように，次のように書けます．

$$(\mathrm{rot}\,\boldsymbol{H})_x = \frac{\partial H_z}{\partial y} - \frac{\partial H_y}{\partial z} \tag{1.11a}$$

$$(\mathrm{rot}\,\boldsymbol{H})_y = \frac{\partial H_x}{\partial z} - \frac{\partial H_z}{\partial x} \tag{1.11b}$$

$$(\mathrm{rot}\,\boldsymbol{H})_z = \frac{\partial H_y}{\partial x} - \frac{\partial H_x}{\partial y} \tag{1.11c}$$

これらの式 (1.11a, b, c) を式 (1.10) に代入して偏微分の計算をすると，Column 1-3にあるようになります．また，偏微分の演算の順番は変えてもよく[*3]，$\frac{\partial^2 H_z}{\partial x \partial y} = \frac{\partial^2 H_z}{\partial y \partial x}$ などとこれらは等しくなりますので，式 (1.10) の右辺は 0 になります．結局，式 (1.10) の左辺は 0 になり，次の式が成り立ちます．

$$\mathrm{div}\,\mathrm{rot}\,\boldsymbol{H} = 0 \tag{1.12}$$

したがって，式 (1.8) の右辺も 0 になるので，次の式が得られます．

$$\mathrm{div}\,\boldsymbol{i} = 0 \tag{1.13}$$

Column 1-3 式 (1.9) の右辺の演算について

本文の式 (1.11a, b, c) を式 (1.10) の右辺に代入して各項を計算すると，次のようになります．

$$\frac{\partial}{\partial x}\left(\frac{\partial H_z}{\partial y} - \frac{\partial H_y}{\partial z}\right) = \frac{\partial^2 H_z}{\partial y \partial x} - \frac{\partial^2 H_y}{\partial z \partial x} \tag{C1.10a}$$

$$\frac{\partial}{\partial y}\left(\frac{\partial H_x}{\partial z} - \frac{\partial H_z}{\partial x}\right) = \frac{\partial^2 H_x}{\partial z \partial y} - \frac{\partial^2 H_z}{\partial x \partial y} \tag{C1.10b}$$

$$\frac{\partial}{\partial z}\left(\frac{\partial H_y}{\partial x} - \frac{\partial H_x}{\partial y}\right) = \frac{\partial^2 H_y}{\partial x \partial z} - \frac{\partial^2 H_y}{\partial y \partial z} \tag{C1.10c}$$

これらの式 (C1.10a, b, c) の右辺の各項を加えると 0 になるので，式 (1.8) より，次の式

[*3] 偏微分の順番を変えてもよいことには，数学的には証明が必要ですが，本書では立ち入りません．

$$\mathrm{div}\,\mathrm{rot}\,\boldsymbol{H} = 0 \tag{C1.11}$$

が成り立ちます．

Column 1-4 電流密度 i と電場 E の関係で表されるオームの法則 $i = \sigma E$ について

いま，電流を I，電圧差を V，抵抗を R，導線の断面積を S，抵抗率を ρ，導線の長さを l とすると，オームの法則などを使って，次の二つの式が成り立ちます．ここでは，I，i は電流，電流密度の大きさとします．

$$I = \frac{V}{R}, \qquad R = \frac{\rho l}{S} \tag{C1.12}$$

また，電流密度の大きさ i を使うと，電流 I は $I = iS$ となります．ここで，微小量を表す記号として Δ を使うことにすると，これらの二つの式 (C1.12) を使って，微小な電流 ΔI は次の式で表されます．

$$\Delta I = i\Delta S = \frac{\Delta V}{\Delta R}, \qquad \Delta R = \rho\frac{\Delta l}{\Delta S} \tag{C1.13}$$

この式 (C1.13) の二つの式を使い，かつ伝導率 σ も使うと，伝導率 σ は抵抗率 ρ の逆数，すなわち $\sigma = \dfrac{1}{\rho}$ となるので，電流密度の大きさ i は次の式で表されることがわかります．

$$i = \frac{1}{\Delta S}\frac{\Delta V}{\Delta R} = \frac{1}{\Delta S}\frac{1}{\rho}\frac{\Delta S\Delta V}{\Delta l} = \sigma\frac{\Delta V}{\Delta l} \tag{C1.14}$$

ゆえに，電流密度 i と電場 E をベクトルで表すと次の式が成り立ちます．

$$\boldsymbol{i} = \sigma\boldsymbol{E} \tag{C1.15}$$

この式 (C1.15) はオームの法則とも呼ばれます（大学生用のオームの法則という著者もいます）．

式 (1.13) を見ると，$\mathrm{div}\,\boldsymbol{i}$ は 0 になっていますが，この式はマクスウェル方程式の他の式と矛盾しないのでしょうか？ これを確かめてみましょう．電流密度 $\boldsymbol{i}$ と電場 $\boldsymbol{E}$ の間には Column 1-4 に示すように，次のオームの法則の関係が成り立ちます．

$$\boldsymbol{i} = \sigma \boldsymbol{E} \tag{1.14}$$

この関係式 (1.14) を使うと，式 (1.13) は次のようになります．

$$\mathrm{div}(\sigma \boldsymbol{E}) = 0 \qquad \rightarrow \qquad \sigma\,\mathrm{div}\,\boldsymbol{E} = 0 \tag{1.15}$$

$$\therefore \quad \mathrm{div}\,\boldsymbol{E} = 0 \tag{1.16}$$

ところが，マクスウェル方程式の式 (1.6) を見ると，密度 ρ の孤立した電荷がある場合には $\mathrm{div}\,\boldsymbol{D} = \rho$ となっています．電束密度 $\boldsymbol{D}$ と電場 $\boldsymbol{E}$ の間には $\boldsymbol{D} = \varepsilon_0 \boldsymbol{E}$ の関係があるので，式 (1.6) は次のようになります．

$$\varepsilon_0\,\mathrm{div}\,\boldsymbol{E} = \rho$$

$$\therefore \quad \mathrm{div}\,\boldsymbol{E} = \frac{\rho}{\varepsilon_0} \tag{1.17}$$

したがって，式 (1.16) の結果は他のマクスウェル方程式の一つの式 (1.6) と同時には成り立たないので，マクスウェル方程式が体系的な方程式とならないことになってしまいます．したがって，$\mathrm{div}\,\boldsymbol{i} = 0$ の関係が成り立つことは不都合であることがわかります．しかし，電流が時間的に変化する非定常状態では，式 (1.16) で表されるオームの法則は成立しませんので，式 (1.6) と式 (1.16) の間に起こる矛盾は電荷のある定常状態のときだけの話です．

実は，もう一つもっと深刻な事情があります．というのは，電磁気学では電荷の保存則が常に成り立たなければなりませんが，以下に述べるように，マクスウェル方程式で非常に重要な非定常状態では，式 (1.4) のアンペールの法則を使うと電荷の保存則が成り立たないのです．

◆非定常状態では電荷保存の法則が成り立たない

電流が時間的に変化しない場合には，Column 1-5 に示すように，電流の増減も発生もありません．したがって，電荷の保存則は次のようになります．

$$\mathrm{div}\,\boldsymbol{i} = 0 \tag{1.18}$$

ところが，電流が時間的に変化する場合（非定常状態）には，電荷保存の法則は次の式で表されます．

$$\mathrm{div}\,\boldsymbol{i} + \frac{\partial \rho}{\partial t} = 0 \tag{1.19}$$

だから，電荷保存の法則からも，電流密度 $\boldsymbol{i}$ の湧き出しはない（つまり $\mathrm{div}\,\boldsymbol{i} = 0$ となる）という結果は，非定常状態のときには困ることになります．

Column 1-5 電荷保存の法則

・電流の空間的分布の状況が時間的に変動しない定常状態の場合：

定常電流密度を $\boldsymbol{i}(\boldsymbol{x})$ とすると，電荷保存の式として，単位法線ベクトル $\boldsymbol{n}$ を使って次の式が成り立ちます．

$$\int_{S_0} \boldsymbol{i}(\boldsymbol{x}) \cdot \boldsymbol{n}(\boldsymbol{x}) dS = 0 \tag{C1.16}$$

そしてこの式 (C1.16) の微分型は，次のようになります．

$$\mathrm{div}\,\boldsymbol{i} = 0 \tag{C1.17}$$

この式 (C1.17) の意味は，定常電流のときには任意の領域（体積は v）を囲む閉曲面 S_0 を通って単位時間に流出または流入する電荷の総量は 0 であって，閉曲面 S_0 の内部に含まれている電荷の値が一定に保たれるということです．

・電流の流れが時間的に変化する非定常状態の場合：

例えば，閉曲面 S_0 内に単位時間に流れ込む電流が存在すると，閉曲面内の電荷 Q の正味の値は単純に 0 ではなく，その分だけ S_0 内の電荷 Q は増大しなければなりません．この場合には，電荷保存の式として，式 (C1.17) に代わりに次に説明する式が成立します．

閉曲面 S_0 で囲まれた領域の体積が v の領域で，電荷密度が $\rho(x,t)$，外向きの法線方向の単位ベクトルを $\boldsymbol{n}(x)$ とし，S_0 を通して外部からこの領域に流れ込む電流の密度を $\boldsymbol{i}(\boldsymbol{x},t)$ とすると，次の式が成り立たねばなりません．

$$\frac{d}{dt}\int_v \rho(\boldsymbol{x},t)dv = -\int_s \boldsymbol{i}(\boldsymbol{x},t)\cdot\boldsymbol{n}(\boldsymbol{x})dS \tag{C1.18}$$

この式の左辺は $\frac{d}{dt}\int_v \rho(\boldsymbol{x},t)dv = \int_v \frac{\partial\rho(\boldsymbol{x},t)}{\partial t}dv$ と書けます．また，右辺は第 3 章で説明するガウスの定理によって，$\int_s \boldsymbol{i}(\boldsymbol{x},t)\cdot\boldsymbol{n}(\boldsymbol{x})dS = \int_v \operatorname{div}\boldsymbol{i}(\boldsymbol{x},t)dv$ となります．これらの関係を使って，式 (C1.18) の両辺を書き換えると，次の式が成り立ちます．

$$\int_v \left(\frac{\partial\rho(\boldsymbol{x},t)}{\partial t} + \operatorname{div}\boldsymbol{i}(\boldsymbol{x},t)\right)dv = 0 \tag{C1.19}$$

電荷密度 $\rho(\boldsymbol{x},t)$ の存在領域 v は任意の大きさにとれるので，式 (C1.19) の関係が成り立つときには，式 (C1.19) の積分の中は 0 になり，次の式が成り立ちます．

$$\operatorname{div}\boldsymbol{i}(\boldsymbol{x},t) + \frac{\partial\rho(\boldsymbol{x},t)}{\partial t} = 0 \tag{C1.20}$$

こうして得られたこの式 (C1.20) が非定常状態のときに成り立つべき，電荷保存の法則の式です．

◆マクスウェルによって修正されたアンペールの法則

以上の結果，アンペールの法則の式 (1.4) は非定常状態では電荷の保存則を満足しないことがわかったので，マクスウェルは非定常状態のときに妥当な式として，アンペールの法則の右辺を変更した，次の式をマクスウェル方程式に採用しました．

$$\operatorname{rot}\boldsymbol{H} = \boldsymbol{i} + \frac{\partial\boldsymbol{D}}{\partial t} \tag{1.20}$$

というのは，この式 (1.20) の両辺の発散 div をとると，次のようになります．

$$\mathrm{div}\,\mathrm{rot}\,\boldsymbol{H} = \mathrm{div}\,\boldsymbol{i} + \mathrm{div}\,\frac{\partial \boldsymbol{D}}{\partial t} \tag{1.21}$$

すでに式 (1.12) に示したように，この式の左辺の $\mathrm{div}\,\mathrm{rot}\,\boldsymbol{H}$ は 0 になるので，式 (1.21) の右辺は 0 にならなければなりませんが，$\mathrm{div}\,\dfrac{\partial \boldsymbol{D}}{\partial t}$ では時間の偏微分記号 $\dfrac{\partial}{\partial t}$ は div の前に出しても構わないので，これは $\dfrac{\partial}{\partial t}\mathrm{div}\,\boldsymbol{D}$ と書くことができます．そして，式 (1.6) によると，$\mathrm{div}\,\boldsymbol{D} = \rho$ なので，結局，$\mathrm{div}\,\dfrac{\partial \boldsymbol{D}}{\partial t}$ は $\dfrac{\partial \rho}{\partial t}$ となります．

したがって，式 (1.21) の左辺が 0 のとき，右辺から次の式が導けます．

$$\mathrm{div}\,\boldsymbol{i} + \frac{\partial \rho}{\partial t} = 0 \tag{1.22}$$

すなわち，非定常状態における式 (1.19) で表される電荷保存の法則がみたされていることがわかります．

それと同時に，変更した式 (1.20) の両辺の div をとった式 (1.21) が，$\mathrm{div}\,\mathrm{rot}\,\boldsymbol{H} = 0$ の条件をみたすときに成り立つ式では，次のようになり，$\mathrm{div}\,\boldsymbol{i}$ は 0 になることはありません．

$$\mathrm{div}\,\boldsymbol{i} + \mathrm{div}\,\frac{\partial \boldsymbol{D}}{\partial t} = 0 \tag{1.23}$$

◆ $\dfrac{\partial \boldsymbol{D}}{\partial t}$ の項は一体何を表すか？

ところで，マクスウェルはアンペールの法則の式の電流項に $\dfrac{\partial \boldsymbol{D}}{\partial t}$ の項を追加しましたが，この処置は妥当なのでしょうか？　そして，$\dfrac{\partial \boldsymbol{D}}{\partial t}$ の項は一体何を表しているのでしょうか？　これについて調べてみましょう．まず，$\dfrac{\partial \boldsymbol{D}}{\partial t}$ の正体ですが，$\boldsymbol{D} = \varepsilon_0 \boldsymbol{E}$ の関係があるので，$\dfrac{\partial \boldsymbol{D}}{\partial t}$ の物理的な内容は電場 $\boldsymbol{E}$ の時間変化 $\dfrac{\partial \boldsymbol{E}}{\partial t}$ でもあることがわかります．

◆電磁誘導の逆の現象も起こるのでは？

式 (1.5) はファラデーの電磁誘導の法則の式の微分型ですが，この式は磁場（磁束密度 $\boldsymbol{B}$）が時間変化（$\dfrac{\partial \boldsymbol{B}}{\partial t}$）すると，電場 $\boldsymbol{E}$ の循環が発生することを表しています（図 1.5(b)）．だから，マクスウェルはこの逆の現象が起こってもよいのではないか，と考えました．つまり，図 1.5(a) に示すように，電場 $\boldsymbol{E}$（したがって電束密度 $\boldsymbol{D}$）が時間変化（$\dfrac{\partial \boldsymbol{E}}{\partial t}$）して，磁場 $\boldsymbol{B}$ が発生してもよいのではないかと考えたのです．

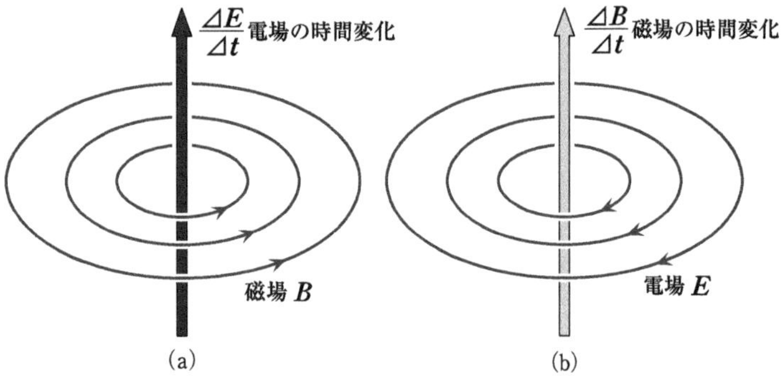

図 1.5 磁場変化による電場の発生 (b) と電場変化による磁場の発生 (a)

すでに序章の第 I.2.2 節で，真空の空間における電場 $\boldsymbol{E}$ と磁場 $\boldsymbol{H}$ を考えることによって，上のようなマクスウェルの考えを説明しました．また，このマクスウェルの考えは，歴史的には，後にヘルツの電磁波の発生の実験によって実証されていますので，妥当であることがわかります．

なお，マクスウェルの修正した，式 (1.20) で表される新しいアンペールの法則の式は，その後，拡張されたアンペールの法則の式とか，マクスウェルが修正し完成させましたので，アンペール－マクスウェルの法則の式と呼ばれるようになりました．

1.2.3 コンデンサを流れる変位電流

◆絶縁物を挟んだコンデンサの中を電流は流れるか？

図 1.6 に示すように，コンデンサに交流電源をつなげた交流回路では全体に電流が流れます．コンデンサの電極につなげた導線に電流が流れるのは当然かもしれませんが，はたしてコンデンサを電流は流れているのでしょうか？

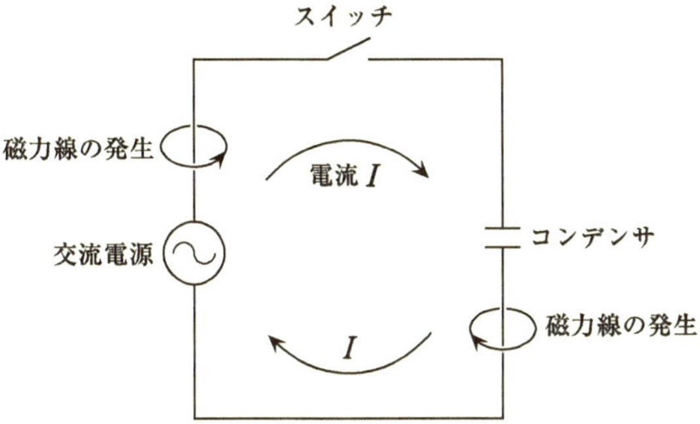

図 1.6 コンデンサ交流回路

コンデンサは絶縁物をサンドイッチした構造なので，ここで電流の流れは止まるはずでは？ しかし，もしコンデンサに電流が流れていないとすると，コンデンサの両側の電極につながっている導線に電流が流れていないことになってしまうのでは？ これでは，いずれにしても不都合なことになります．

では，詳しく調べてみましょう．いま，交流電圧を V とし，静電容量が C の平行平板型のコンデンサを想定することにしましょう．そして，図 1.7 に示すように，コンデンサの二つの電極を A，B とし，電極間には空気が詰まっているとします（空気の誘電率は真空の誘電率とほとんど同じです）．電極面積を S，電極間の間隔を d_s，空気の誘電率を ε_0 とします．

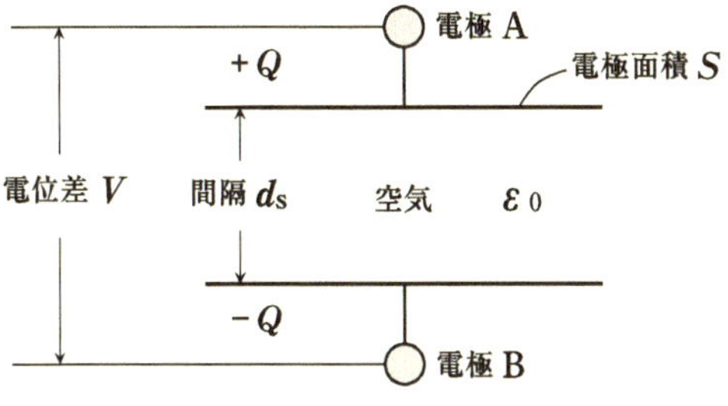

図 1.7 平行平板コンデンサ

このとき，交流電流を流すことによってこのコンデンサに蓄えられる電荷をQとします．すると，電荷Qは次の式で表されます．

$$Q = CV\ [\mathrm{C}] \tag{1.24}$$

ここで，蓄えられた電荷Qによって流れる電流Iを考えましょう．電流Iは電荷Qの時間変化ですので，この式(1.24)を使うと，これを時間tで微分して，電流Iは次の式で与えられることがわかります．

$$I = \frac{dQ}{dt} = C\frac{dV}{dt}\ [\mathrm{A}] \tag{1.25}$$

コンデンサに電流が流れるとすれば，その電流はこの式(1.25)で表されるはずです．

◆コンデンサを流れる電流は周波数の高い交流電流

直流電流だと，電圧Vは一定で変化しないので確かに$\dfrac{dV}{dt} = 0$となり，式(1.25)に従って電流Iは流れません．図1.7に示すように，コンデンサの電極間には空気があり，これは絶縁体ですから直流電流が流れないのは当然です．しかし，流れる電流が交流電流のときには交流電圧Vは，交流電圧の振幅をV_0とし，角周波数をωとしますと，次の式で与えられます．

$$V = V_0 \sin \omega t\ [\mathrm{V}] \tag{1.26}$$

なお，角周波数は周波数fとの間に$\omega = 2\pi f$の関係があります．

この式(1.26)を時間tで微分すると，次のようになります．

$$\frac{dV}{dt} = V_0 \omega \cos \omega t\ [\mathrm{V/s}] \tag{1.27}$$

したがって，コンデンサを流れる電流Iはこの式(1.27)を式(1.25)に代入して，次の式で与えられることがわかります．

$$I = CV_0 \omega \cos \omega t\ [\mathrm{A}] \tag{1.28}$$

この式(1.28)を見ると，電流Iは角周波数が0のとき，つまり$\omega = 0$のときには0になりますが，このとき周波数fは0になるので，周波数が0の電流は直流ですからこれは当然です．ωの値が0以外のときで，ωtの値が$\dfrac{\pi}{2}$

の奇数倍のときには，交流が三角関数で表されるために 0 になりますが，それ以外の ω の値では電流 I は 0 になりません．だから，交流はコンデンサを流れるということです．しかも，式 (1.28) を見ると，$CV_0\omega$ の値が大きいとき電流 I の値は大きくなるので，この電流は交流の周波数 f $\left(= \dfrac{\omega}{2\pi}\right)$ が大きいほどコンデンサをよく流れることがわかります．

◆コンデンサを流れる電流は電束密度の時間微分で表される変位電流

コンデンサを流れる電流の正体について元から調べるために，式 (1.25) を使って考えることにしましょう．この式 (1.25) の電圧 V は電位差を表しているので，図 1.6 の回路図から判断して，図 1.7 の電極 A と B の間の電位差だということがわかります．A と B の電極間の距離は d_s ですから，A-B 電極間に加わる電場の大きさ E は，次の式で表されます．

$$E = \frac{V}{d_s}\ [\mathrm{V/m}] \tag{1.29}$$

だから，電位差 V は $V = d_s E$ となります．この電位差 V を式 (1.25) に代入すると，電流の大きさ I として，次の式が得られます．

$$I = C d_s \frac{dE}{dt}\ [\mathrm{V/m}] \tag{1.30}$$

ここで，C はコンデンサの静電容量ですが，静電容量 C は，電極面積 S，電極間の間隔 d_s，空気の誘電率 ε_0 によって $C = \varepsilon_0 \dfrac{S}{d_s}$ と表されます．この関係を使うと，式 (1.30) は次のようになります．

$$I = \varepsilon_0 S \frac{dE}{dt}\ [\mathrm{A}] \tag{1.31}$$

さらに，電場の大きさ E と電束密度の大きさ D の間には $D = \varepsilon_0 E$ の関係があるので，この関係も使うと，式 (1.31) から電流 I の式として，次の式が得られます．

$$I = S \frac{dD}{dt}\ [\mathrm{A}] \tag{1.32}$$

この式 (1.32) で表される電流 I がコンデンサを流れる電流の正体を表しているはずです．この式の $\dfrac{dD}{dt}$ は電束密度の大きさ D を時間 t で微分したものなので，電束密度の時間変化の大きさになります．偏微分で表すと I は $S\dfrac{\partial D}{\partial t}$ となります．だから，この電流 I は電束電流と呼ばれてもいいのですが，マクスウェルの時代には $\boldsymbol{D}$ は電気変位と呼ばれていましたので，マクスウェルはこの電流を変位電流と呼びました．現在ではこの電流は電束電流とも呼ばれています．

そして，コンデンサを流れる電流の電流密度の大きさを J とすると，J は電流の大きさ I をコンデンサの電極面積 S で割れば求められるので，J は次の式で表されます．

$$J = \frac{dD}{dt}\ [\mathrm{A/m^2}] \tag{1.33}$$

以上の検討で，マクスウェルが式 (1.20) で導入した $\dfrac{\partial \boldsymbol{D}}{\partial t}$ は変位電流の密度であることがわかります．なお，電束密度 $\boldsymbol{D}$ の微分の $\dfrac{d\boldsymbol{D}}{dt}$ と偏微分の $\dfrac{\partial \boldsymbol{D}}{\partial t}$ は同じ内容を表しています．

◆変位電流からは磁力線が発生している！

ところで，変位電流密度 $\dfrac{d\boldsymbol{D}}{dt}$ はどんなものでしょうか？ $\boldsymbol{D}$ と $\boldsymbol{E}$ の間には $\boldsymbol{D} = \varepsilon_0 \boldsymbol{E}$ の関係があることを考えると，電束密度 $\boldsymbol{D}$ の時間微分 $\dfrac{d\boldsymbol{D}}{dt}$ は $\varepsilon_0 \dfrac{d\boldsymbol{E}}{dt}$ の形で表されます．したがって，変位電流密度は電場 $\boldsymbol{E}$ の時間微分，つまり，電場 $\boldsymbol{E}$ の時間変化を表していることがわかります．

ファラデーの電磁誘導の法則によると，磁束 $\varPhi_m$ が時間変化すると（電場 $\boldsymbol{E}$ の循環が発生し，これによって）起電力が発生します．このことは，磁束の密度が磁束密度 $\boldsymbol{B}$ ですから，磁束密度 $\boldsymbol{B}$ が時間変化すると電場 $\boldsymbol{E}$ が発生することを表しています．ですから，マクスウェルが考えたように，電場 $\boldsymbol{E}$ と磁束密度 $\boldsymbol{B}$ をそっくり入れ替えた逆の現象が起こっても不思議ではないのです．すなわち，電場 $\boldsymbol{E}$ が時間変化して磁束密度 $\boldsymbol{B}$ が発生すると考えてもよいと思われます．

ところで，図 1.6 に示したコンデンサをつなげた交流回路を見ますと，交流電源のスイッチを入れてオンにすると，導線に電流が流れますので導線からは磁力線が出ます．電流が流れている箇所からは常に磁力線が出ますから，変位電流が流れているコンデンサからも磁力線が出ているはずです．実は実際に測定すると電極とつなげたコンデンサからも磁力線が出ていることがわかっています．この事実は磁力線の束が磁束ですからマクスウェルの考えが正しいことを示しています．

しかし，変位電流は普通の電流の伝導電流ではありません．似ているのはどちらも流れの周りに磁力線（磁束）を出すということだけです．伝導電流密度を $\boldsymbol{i}_c$ とし，変位電流密度を $\boldsymbol{i}_D$ とすると，これらは次の式で与えられます．

$$\boldsymbol{i}_c = \sigma \boldsymbol{E} \tag{1.34a}$$

$$\boldsymbol{i}_D = \varepsilon \frac{\partial \boldsymbol{E}}{\partial t} \tag{1.34b}$$

ここでは一般性を持たせるために誘電率として真空の誘電率 ε_0 を使わずに ε を使いました．

式 (1.34a, b) を使って伝導電流と変位電流の性質について少しだけ考えておきましょう．伝導電流（密度 $\boldsymbol{i}_c$）は伝導率 σ が 0 に近くなると流れなくなります．だから，伝導率 σ の値の大きい金属にはよく流れ，この値が小さいガラスなどの絶縁物では流れません．ところが，変位電流（密度 $\boldsymbol{i}_D$）は誘電率 ε が大きいほどよく流れるので，空気（$\dfrac{\varepsilon}{\varepsilon_0} \fallingdotseq 1$）よりガラス（$\dfrac{\varepsilon}{\varepsilon_0} \fallingdotseq 3.5\sim 9.9$）のほうがよく流れます．つまり，絶縁性の大きいもののほうがよく流れる奇妙な電流です．この電流については，あとでもう一度議論しますが，変位電流は電場 $\boldsymbol{E}$ の波のようなものであることが推察されます．

1.2.4　マクスウェル方程式における変位電流の重要性

まず，第 1.2.2 節で説明したように，変位電流の項 $\dfrac{\partial \boldsymbol{D}}{\partial t}$ を追加しなければ，マクスウェル方程式の一つのアンペールの法則は，電流が時間的に変化する非定常状態では電荷の保存則をみたしていません．

もしそうなれば，マクスウェル方程式は電磁気学の基本方程式にはなりえないので，マクスウェルの当初の意図は達成できません．この意味で，アンペールの法則の電流項に変位電流の項を加えることはマクスウェル方程式にとっては基本的に重要であることがわかります．

次に，これはあとの章で詳しく述べることになりますが，変位電流の項を追加しなければ電場 $\boldsymbol{E}$ や磁場 $\boldsymbol{H}$（すなわち磁束密度 $\boldsymbol{B}$）に関する波動方程式は作れません．だから，電場 $\boldsymbol{E}$ と磁場 $\boldsymbol{B}$ の波動方程式から生まれた電磁波をマクスウェルといえども予言はできなかったことになります．変位電流の項が欠ければ電磁波が存在できないということは，逆に変位電流が導入された時点で電磁波の誕生は約束されていたことを示しています．

具体的には，変位電流は真空や空気，さらにはガラスなどの絶縁物の中をよく流れることと，周波数 f $\left(=\dfrac{\omega}{2\pi}\right)$ が高いほどよく流れることを考えると，変位電流は伝導電流のような粒子の流れではなく，激しく振動する波の流れであると考えられます．しかし，電磁波は電場 $\boldsymbol{E}$ と磁場 $\boldsymbol{H}$ の波ですが，変位電流は電場 $\boldsymbol{E}$ のみの波の流れです．

演習問題 Problems

問 1-1　$\boldsymbol{E}$-$\boldsymbol{B}$ 対応に厳密に従う著書の場合には，マクスウェル方程式が次の式で表されている場合もある．しかし，これらの式は本文の式 (1.5〜7) や式 (1.20) とは異なった表式になっている．両者が同じであることを示せ．

$$\mathrm{div}\,\boldsymbol{E} = \frac{\rho}{\varepsilon_0} \tag{A}$$

$$\mathrm{div}\,\boldsymbol{B} = 0 \tag{B}$$

$$\mathrm{rot}\,\boldsymbol{E} + \frac{\partial \boldsymbol{B}}{\partial t} = \boldsymbol{0} \tag{C}$$

$$\mathrm{rot}\,\boldsymbol{B} - \mu_0\varepsilon_0\frac{\partial \boldsymbol{E}}{\partial t} = \mu_0\boldsymbol{J} \tag{D}$$

問 1-2　誘電体においても電束密度 $\boldsymbol{D}$ と電場 $\boldsymbol{E}$ の間に $\boldsymbol{D} = \varepsilon\boldsymbol{E}$ の関係が成り立つといわれるが，Column 1-1 の式 (C1.1a, b) を見ると，$\boldsymbol{D} = \varepsilon_0\boldsymbol{E} + \boldsymbol{P}$ となっている．これまでいわれていたことは妥当か？　また，一般の物質の誘電率を ε で表したときも，電束密度 $\boldsymbol{D}$ と $\varepsilon\boldsymbol{E}$ の関係として，$\boldsymbol{D} = \varepsilon\boldsymbol{E}$ が得られるのはなぜか？

問 1-3　上の問 1-2 において，誘電体の電束密度 $\boldsymbol{D}$ が $\varepsilon\boldsymbol{E}$ または $\varepsilon_0\boldsymbol{E} + \boldsymbol{P}$ で表されることがわかったが，どちらも妥当で，両式は同じ内容を示すことをわかりやすく説明せよ．

問 1-4 伝導率 $\sigma = 2 \times 10^{-5}$ [S/m]，誘電率 $\varepsilon = 2 \times 8.855 \times 10^{-12}$ [F/m] である物質を想定しよう．まず，式 (1.34a, b) を使って伝導電流密度 $\boldsymbol{i}_c$ と変位電流密度 $\boldsymbol{i}_D$ の比を表す式を示せ．さらに，この比を，周波数 f が $f = 60$ [Hz] と $f = 10$ [GHz] の各場合について計算し，変位電流について議論せよ．なお，単位 [S] はジーメンスという単位であり，オーム [Ω] の逆数と定義される．単位間には [S] = [1/Ω] = [A/V] = [C/(V · s)] の関係がある．

解答 Solutions

答 1-1 題意の式 (A) は式 (1.6) に対応するが，$\boldsymbol{D} = \varepsilon_0 \boldsymbol{E}$ の関係があるので，この関係を使うと $\mathrm{div}\,\boldsymbol{E} = \dfrac{1}{\varepsilon_0}\mathrm{div}\,\boldsymbol{D}$ となる．したがって，これを使うと式 (1.6) が成り立つ．式 (B) は式 (1.7) と一致している．式 (C) は $\dfrac{\partial \boldsymbol{B}}{\partial t}$ を右辺に移すと，式 (1.5) に一致する．そして，式 (D) は $\boldsymbol{B} = \mu_0 \boldsymbol{H}$，$\boldsymbol{D} = \varepsilon_0 \boldsymbol{E}$ なので，これらの関係を式 (D) に代入すると，$\mu_0\,\mathrm{rot}\,\boldsymbol{H} - \mu_0 \dfrac{\partial \boldsymbol{D}}{\partial t} = \mu_0 \boldsymbol{J}$ となる．両辺を μ_0 で割って，$\boldsymbol{i}$ も電流密度を表すので $\boldsymbol{J} = \boldsymbol{i}$ とおくと，式 (1.20) と同じになる．

答 1-2 電束密度 $\boldsymbol{D}$ の値は真空中でも誘電体の中でも変わらない．すなわち $\boldsymbol{D}$ は常に一定である．真空の電場を $\boldsymbol{E}_0$ とすると，$\boldsymbol{D} = \varepsilon \boldsymbol{E}$ の関係は真空では $\boldsymbol{D} = \varepsilon_0 \boldsymbol{E}_0$ となる．だから，題意の関係 $\boldsymbol{D} = \varepsilon_0 \boldsymbol{E} + \boldsymbol{P}$ は $\varepsilon_0 \boldsymbol{E}_0 = \varepsilon_0 \boldsymbol{E} + \boldsymbol{P}$ となるが，$|\boldsymbol{P}|$ は分極電荷密度 σ_P と等しい．したがって，E，E_0 を電場の大きさとすると

$$\varepsilon_0 E_0 = \varepsilon_0 E + \sigma_P \quad \rightarrow \quad \sigma_P = \varepsilon_0 E_0 - \varepsilon_0 E \tag{A}$$

の関係が得られる．

一方，Column 1-1 の式 (C1.8) から求まる σ_P は，式 (C1.6) と式 (C1.8) の Q と Q_0 を使うと，$\sigma_P = \dfrac{1}{S}(Q - Q_0) = \dfrac{V}{d}(\varepsilon - \varepsilon_0) = E\varepsilon - E\varepsilon_0$ となる．すなわち，

$$\sigma_P = \varepsilon E - \varepsilon_0 E \tag{B}$$

の関係が得られる．二つの式 (A) と (B) より，電場の大きさ E_0，E を使って $\varepsilon_0 E_0 - \varepsilon_0 E = \varepsilon E - \varepsilon_0 E$ となるので，この式から $\varepsilon_0 E_0 = \varepsilon E$ の関係が得られる．したがって，電束密度の大きさ D を用い $D = \varepsilon_0 E_0$ の関係を使うと，電束密度 D と電場の E の間に $D = \varepsilon E$ の関係が成り立つことがわかる．もちろん，Column 1-1 に示したように電気感受率 χ_e を使っても簡潔に説明することができる．

空気中の電場は $\boldsymbol{E}_0$ だから，誘電体に電場 $\boldsymbol{E}_0$ を加えると誘電体には分極が起こり，分極電荷 σ_P が現れる．この分極電荷 σ_P によって電場 $\boldsymbol{E}_0$ と逆符号の（分極による）電場が発生し，誘電体の電場が弱まって $E_0 > E$ となる．そして，この電場の差 $\boldsymbol{E}_0 - \boldsymbol{E}$ が分極 $\boldsymbol{P}$ を真空の誘電率 ε_0 で割った $\dfrac{\boldsymbol{P}}{\varepsilon_0}$ となることを表

している．だから，分極を起こすことによって誘電体中の電場が弱まって，$\varepsilon\boldsymbol{E}$ と $\varepsilon_0\boldsymbol{E}+\boldsymbol{P}$ が等しくなっていると解釈できる．

答 1-4 まず，交流電流の電場の大きさ E を振幅 E_0，角周波数 ω として，$E=E_0\sin\omega t$ とすると，伝導電流密度の大きさ i_c は，$ic=\sigma E_0\sin\omega t\,[\mathrm{A/m^2}]$ となる．また，$\dfrac{\partial E}{\partial t}$ は $\omega E_0\cos\omega t$ となるが，これは $\omega E_0\sin\left(\omega t+\dfrac{\pi}{2}\right)$ と書けるので，変位電流密度の大きさ i_D は，$i_D=\varepsilon\omega E_0\sin\left(\omega t+\dfrac{\pi}{2}\right)\,[\mathrm{A/m^2}]$ となる．したがって，両者の比は $\dfrac{i_D}{i_c}=\dfrac{\varepsilon\omega}{\sigma}$ となる．

(A) $f=60\,[\mathrm{Hz}]$ のとき： 誘電率は $\varepsilon=2\times8.855\times10^{-12}\,[\mathrm{F/m}]=1.77\times10^{-11}\,[\mathrm{F/m}]$ となる．角周波数は $\omega=2\pi f=2\times\pi\times60=377\,[1/\mathrm{s}]$ となる．したがって，$\varepsilon\omega=1.77\times10^{-11}\times377=6.67\times10^{-9}\,[\mathrm{F/(m\cdot s)}]$ と計算できる．ゆえに，$\dfrac{i_c}{i_D}$ は

$$\frac{\sigma}{\varepsilon\omega}=\frac{2\times10^{-5}\,[\mathrm{S/m}]}{6.67\times10^{-9}\,[\mathrm{F/(m\cdot s)}]}=\frac{2\times10^{-5}\,[\mathrm{C/(V\cdot s\cdot m)}]}{6.67\times10^{-9}\,[\mathrm{F/(m\cdot s)}]}=3.00\times10^{3}$$

となる．だから，この場合は伝導電流密度の大きさ i_c が変位電流密度の大きさ i_D より圧倒的に大きい．

(B) $f=10\,[\mathrm{GHz}]$ のとき： 同様にして，$\omega=2\pi f=2\times\pi\times10^{10}=6.28\times10^{10}\,[1/\mathrm{s}]$ である．$\varepsilon\omega=1.77\times10^{-11}\times6.28\times10^{10}\,[\mathrm{F/(m\cdot s)}]=1.11\,[\mathrm{F/(m\cdot s)}]$ と計算できる．したがって，$\dfrac{i_c}{i_D}$ は

$$\frac{\sigma}{\varepsilon\omega}=\frac{2\times10^{-5}\,[\mathrm{C/(V\cdot s\cdot m)}]}{1.11\,[\mathrm{F/(m\cdot s)}]}=1.80\times10^{-5}$$

となる．この場合は変位電流密度の大きさ i_D が伝導電流密度の大きさ i_c より圧倒的に大きい．

以上の結果，周波数が低いときに変位電流はあまり流れないが，周波数が高いときに非常によく流れることがわかる．だから，変位電流は周波数の高い波の流れであると推定される．

第2章

マクスウェル方程式の4個の式の物理的内容

―― 電磁気学の基本的な法則

マクスウェル方程式の4個の式は，電磁気学の4個の基本的な法則を基にして作られています．この章では，これらの法則の内容を調べ，「マクスウェル方程式は単にこれらの法則の式を一まとめにしたのではなく，電磁気学の基本式を体系的に構成したものである」という重要なことを理解します．実は，マクスウェル方程式は電磁気学の基本法則の一つを修正することによって体系的な式になっているのです．また，マクスウェル方程式の定式化において近接作用の考えが基本的な役割を果たし，この考えに基づく場の概念から生まれた電場や磁場が主役を演じていることも重要ですので，これについても説明することにします．

MAXWELL'S EQUATIONS CHAPTER 02

2.1 電場に関するガウスの法則

◆電気力線は存在する雰囲気の誘電率の影響を受ける

電場 $\boldsymbol{E}$ に関するガウスの法則は電束 Φ_e に関するガウスの法則ともいわれます．この法則の式は，電束 Φ_e の密度，つまり，電束密度が $\boldsymbol{D}$ ですから，マクスウェル方程式の式 (1.6) の $\mathrm{div}\,\boldsymbol{D} = \rho_v$ に対応します．電束密度 $\boldsymbol{D}$ と電場 $\boldsymbol{E}$ の間には $\boldsymbol{D} = \varepsilon \boldsymbol{E}$ の関係があるので，この法則は電場 $\boldsymbol{E}$ に関するガウスの法則ともいわれるわけです．

ガウスの法則の式を，ファラデーが説明上考案した電気力線や近接作用の考えを使って解釈すると，電荷 Q から電束 Φ_e，さらには電束密度 $\boldsymbol{D}$ が生まれる状況や，電荷 Q から電場 $\boldsymbol{E}$ が発生する様子がよく理解できます．

電束 Φ_e は電気力線の束のようなものなので，電気力線から考えることにしましょう．電気力線はファラデーが考えた力線の一つで，電荷から周囲の空間に放出される電気の力線のことです．ファラデーは電荷から放出される電気力線によって，電荷の周囲の空間に電気的なゆがみが生じると考えました．この空間の電気的なゆがみがマクスウェルによって電場 $\boldsymbol{E}$ と呼ばれるようになるのです．だから，電場 $\boldsymbol{E}$ は空間の性質に左右されますので，電場は電荷が存在する空間の誘電率 ε（真空の誘電率は ε_0）に影響されます．

いま，電荷 Q が真空中に置かれているとすると，電荷から周囲の空間に電気力線が放出されています．このとき，電気力線の数を N_e とすると，N_e は次の式で表されます．

$$N_e = \frac{Q}{\varepsilon_0}\ [\mathrm{V \cdot m}] \tag{2.1}$$

ここで，ε_0 は真空の誘電率です．なお，空気の誘電率も ε_0 とほぼ同じです．

そして，図 2.1(a) に示すように，電荷 Q を囲む閉曲面の表面積を S とすると，電気力線の密度は，これを n_{e0} として次の式で表されます．

$$n_{e0} = \frac{Q}{\varepsilon_0 S}\ [\mathrm{V/m}] \tag{2.2a}$$

一般論では閉曲面は任意の形の空間などを完全に囲む面（表面）ということ

になりますが，ここではわかりやすさを優先させて，図 2.1(b) に示すように，閉曲面として半径 r の球の表面を仮定することにします．

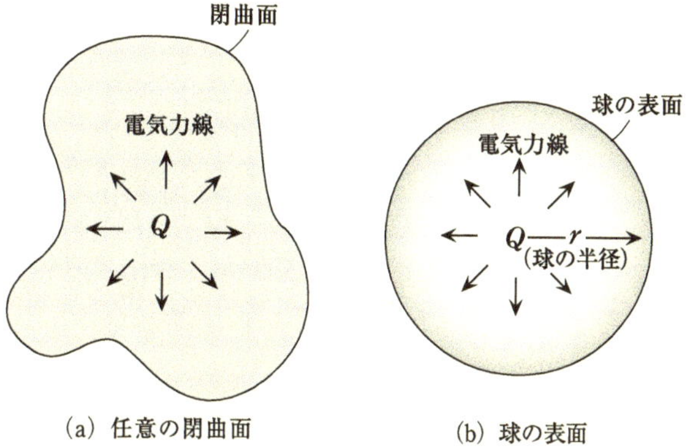

図 2.1 電場に関するガウスの法則

すると，式 (2.2a) の表面積 S は半径 r の球の表面積，すなわち，$S = 4\pi r^2$ となります．この関係式を式 (2.2a) に代入すると，球の中心に電荷 Q があるとして，半径 r の球の表面における電気力線の密度 n_{e0} は，次の式で表されます．

$$n_{e0} = \frac{Q}{4\pi\varepsilon_0 r^2}\ [\mathrm{V/m}] \tag{2.2b}$$

電気力線が空間に電気的にゆがんだ雰囲気（場）を作り，これが電場の大きさ E と呼ばれるようになるので，電気力線の密度 n_{e0} は，電場の大きさ E に等しくなります．したがって，球の表面の電場の大きさ E は，式 (2.2b) と等しくなり，次の式で表されます．

$$E = \frac{Q}{4\pi\varepsilon_0 r^2}\ [\mathrm{V/m}] \tag{2.3a}$$

いまは閉曲面として球の表面を考えていますから，閉曲面上の任意の点は，電荷 Q から距離 r（= 球の半径）だけ離れた位置です．したがって，電荷 Q から r の距離の電場の大きさ E は，式 (2.3a) と同じ次の式

$$E = \frac{Q}{4\pi\varepsilon_0 r^2} \text{ [V/m]} \tag{2.3b}$$

で表されます.

◆電束や電束密度は誘電率の影響を受けない

次に，電束に関するガウスの法則を考えましょう．電束の大きさ $\varPhi_e$ は電気力線 N_e の束のようなものですが，電気力線の束そのものではありません．というのは，電束 $\varPhi_e$ はこれが存在する環境に左右されない，すなわち，誘電率には依存しないからです．電束 $\varPhi_e$ は電荷 Q から出る電気の力線の束のようなものですが，電束 $\varPhi_e$ は 1 [C] の電荷から 1 本出ると定義されています．したがって，Q [C] の電荷から出る電束 $\varPhi_e$ の数は Q 本になり，$\varPhi_e$ は次の式で表されます.

$$\varPhi_e = Q \text{ [C]} \tag{2.4}$$

図 2.1(a), (b) に示す電荷 Q からは，もちろん電束 $\varPhi_e$ も出ているので，閉曲面の全表面 S を通る電束密度の大きさ D を集めたものは電束になります．つまり，電束 $\varPhi_e$ の密度が電束密度の大きさ D ですから，電束密度の大きさ D は式 (2.4) を閉曲面の表面積 S で割った，次の式で表されます.

$$D = \frac{\varPhi_e}{S} \quad \left(= \frac{Q}{S}\right) \quad \text{[C/m}^2\text{]} \tag{2.5}$$

ここで，電荷 Q の面密度を ρ_S とし，また，閉曲面に含まれる領域の体積を v とし（体積）密度を ρ_v とすると，これらはそれぞれ次のように表されます.

$$\rho_S = \frac{Q}{S} \text{ [C/m}^2\text{]} \tag{2.6}$$

$$\rho_v = \frac{Q}{v} \text{ [C/m}^3\text{]} \tag{2.7}$$

また，電束密度の大きさ D が一定ならば積分を使って，$DS = D\int_S dS = \int_S DdS$ と書けるので，電束 $\varPhi_e$ は，次のように表すことができます.

$$\Phi_e = \int_S DdS \tag{2.8}$$

電束の大きさ Φ_e は電荷 Q に等しいので，この式 (2.8) を使うと，電束密度 D に関するガウスの法則の式が，次のように得られます．

$$\int_S DdS = Q \text{ [C]} \tag{2.9a}$$

電荷の面密度 ρ_S または（体積）密度 ρ_v を使うと式 (2.9a) の電束に関するガウスの法則の式は，これらの ρ_S と ρ_v を使って次のように表すことができます．

$$\int_S DdS = \int_S \rho_S dS \text{ [C]} \tag{2.9b}$$

$$\text{または，} \quad \int_S DdS = \int_v \rho_v dv \text{ [C]} \tag{2.9c}$$

これらの式 (2.9a, b) をベクトル表示で書くと，次のようになります．

$$\int_S \boldsymbol{D} \cdot d\boldsymbol{S} = \int_S \rho_S dS \text{ [C]} \tag{2.9d}$$

$$\int_S \boldsymbol{D} \cdot d\boldsymbol{S} = \int_v \rho_v dv \text{ [C]} \tag{2.9e}$$

単位法線ベクトル $\boldsymbol{n}$ を使うと積分記号の中は $\boldsymbol{D} \cdot \boldsymbol{n}dS$ となりますが，ここ以降では簡略化して $\boldsymbol{n}dS$ を $d\boldsymbol{S}$ として使います．

次に電場に関するガウスの法則の式は，D，E を電束密度および電場の大きさとすると $D = \varepsilon_0 E$ の関係があるので，式 (2.9a) を使うと，次の式で表されます．

$$\int_S \varepsilon_0 EdS = \varepsilon_0 \int_S EdS = Q \text{ [C]} \tag{2.10a}$$

$$\therefore \quad \int_S EdS = \frac{Q}{\varepsilon_0} \text{ [V}\cdot\text{m]} \tag{2.10b}$$

ガウスの法則のやさしい定義には，“任意の閉曲面に含まれる全電荷が Q [C] のとき，この閉曲面から出ていく電気力線の数は $\dfrac{Q}{\varepsilon_0}$ である” というものがあります．ここで導いた式 (2.10b) は近接作用を使ってファラデー流に解釈すると，次のようになり，この定義と一致します．すなわち，電場の大きさ E は電気力線の密度だから，球の表面の任意の点から放出される電気力線（これは密度になる）を球の全表面 S にわたって寄せ集める（積分する）と，式 (2.1) に示す電気力線の数になり，右辺の $\dfrac{Q}{\varepsilon_0}$ に一致します．

また，面密度 ρ_S および（体積）密度 ρ_v を使うと，式 (2.9a, b, c) を用いて式 (2.10b) から電場 E に関するガウスの法則として，それぞれ次の式が得られます．

$$\int_S EdS = \frac{1}{\varepsilon_0}\int_S \rho_S dS\ [\mathrm{V \cdot m}] \tag{2.11a}$$

$$\int_S EdS = \frac{1}{\varepsilon_0}\int_v \rho_v dv\ [\mathrm{V \cdot m}] \tag{2.11b}$$

これらの式 (2.11a, b) をベクトル表示で書くと，次のように表すことができます．

$$\int_S \boldsymbol{E} \cdot d\boldsymbol{S} = \frac{1}{\varepsilon_0}\int_S \rho_S dS\ [\mathrm{V \cdot m}] \tag{2.11c}$$

$$\int_S \boldsymbol{E} \cdot d\boldsymbol{S} = \frac{1}{\varepsilon_0}\int_v \rho_v dv\ [\mathrm{V \cdot m}] \tag{2.11d}$$

◆クーロン法則もガウスの法則から導ける！

ところでファラデーは，図 2.2 に示すように，点 A にある電荷を Q_1 とすると，電荷 Q_1 から放出される電気力線が空間に（電気的な）ゆがみを作ると考えました．この電気力線によって空間に生じた電気的なゆがみである電場（大きさ E）が，図 2.2 に示すように Q_1 から発生し，この電場 E の中に存在する点 B に電荷 Q_2 を置くと，電場 E は電荷 Q_2 に力を及ぼします．この力の大きさを F とすると，F は次の式で表されます．

$$F = EQ_2 \tag{2.12}$$

いま，電場 E の元になった電気力線の発生源の点 A にある電荷 Q_1 から，電荷 Q_2 のある点 B までの距離が s であったとすると，点 B における電荷 Q_2 に作用する電場の大きさ E は，式 (2.3b) を使って，次のように見積もる

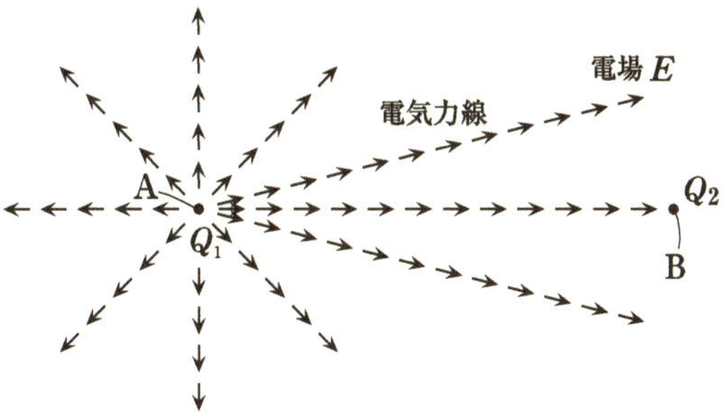

図 2.2 電荷が点 B に作る電場 $\boldsymbol{E}$

ことができます.

$$E = \frac{Q_1}{4\pi\varepsilon_0 s^2} \tag{2.13}$$

したがって，電場（E）が電荷 Q_2 に及ぼす力の大きさ F は，式 (2.12) にこの式の E を代入して，次のようになります.

$$F = \frac{Q_1 Q_2}{4\pi\varepsilon_0 s^2} \tag{2.14}$$

こうして，電荷 Q_1 と Q_2 が同符号のときには，電荷 Q_2 には反発力が働き，異符号のときには引力が働きます．“なんだ，それではこの式はクーロンの式ではないか”と気が付いた読者もいるでしょう．その通りです．クーロンの法則の式はガウスの法則の式から導くことができるのです．また逆に，クーロンの法則から導かれる電場の大きさ E の式 (2.13) は，電荷を囲む任意の閉曲面の表面積分に一般化すればガウスの法則になるのです.

2.2 磁気の発生に関するアンペールの法則

◆磁場は電流から放出される磁力線から生まれる

磁気に関するアンペールの法則は図 2.3(a), (b) に示すように 2 個あります．一つはアンペールの右ねじの法則で，もう一つはアンペールの周回積分の法則です．マクスウェル方程式の原型に使われたアンペールの法則は，周回積分の法則のほうの式です.

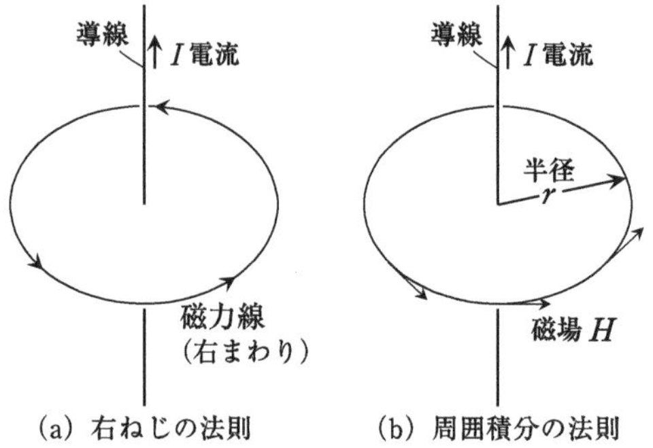

図 2.3　アンペールの法則

アンペールの法則（周回積分の法則のほう）も近接作用の考えで眺めると“循環する磁場（大きさ H）が，電流から放出される磁力線から発生する様子を表している”と解釈できます.

アンペールの法則の式は，式 (I.1) のマクスウェル－アンペールの法則の式から変位電流の項の $\dfrac{\partial \boldsymbol{D}}{\partial t}$ を除いたものになります．というのは，式 (I.1) はマクスウェルがアンペールの法則を修正して変位電流の項の $\dfrac{\partial \boldsymbol{D}}{\partial t}$ を加えたものだからです．だから，アンペールの周回積分の法則の式は追加された項の $\dfrac{\partial \boldsymbol{D}}{\partial t}$ を除いた，次の式になります．なお，ここでは $\boldsymbol{i}$ は電流密度です.

$$\mathrm{rot}\,\boldsymbol{H} = \boldsymbol{i} \tag{2.15}$$

さて，図 2.3(a) に示したものは，磁気に関するアンペールの右ねじの法則ですが，この法則は電流が流れると電流の周りに磁気が発生するという電磁気学では基本的に重要な法則です．というのは，この法則が発見された当時は，磁気は磁石から発生するもので，電気とは別のものだと長年考えられていたからです．こういう考えが一般的であったときに磁気が電流から発生するというのですから，アンペールの法則は重大なことだったのです.

磁気に電流が影響をすることを発見したのはエルステッド（H. C. Ørsted, 1777〜1851）です．エルステッドは学生実験の授業で導線に電流を流したとき，導線の近くにたまたま置いていた磁針が，その向きを変えるのを見て驚いたのです．このことがエルステッドの“電流の磁気作用”の発見の発端でした．このニュースを聞いたアンペールは非常に驚くとともに，この事実を自分自身で確かめました．それと同時に，磁針が電流によって振れる理由を調べる中で，導線に電流が流れると磁力線が右回りに発生することを発見し，この法則をまとめたものがアンペールの右ねじの法則なのです．

◆電流の周りに磁力線が発生し，導線を 1 周する磁場を集めると電流になる

アンペールの右ねじの法則を図 2.3(a) を使って説明すると，次のようになります．すなわち，図 2.3(a) に示すように，上下に張った導線に下方から上方へ電流を流すと，この導線の周りに磁力線が（下から上方向に見て）右回りに発生することをアンペールは発見したのです．この磁力線の発生する様子は右ねじの前へ進む様子に似ているとアンペールは気付いたのです．

なぜかといいますと，右ねじはこれを右に回すと前に進みますが，右ねじの進む方向を電流の流れる方向に，右ねじを回す方向を磁力線の発生する方向に対応させると両者には一対一の対応関係があるからです．このためにアンペールの発見した法則はアンペールの右ねじの法則と呼ばれます．このアンペールの右ねじの法則は電流による磁力線の発生を表すものですが，磁力線は空間に磁気的なゆがみを発生させますので磁力線が発生している空間には磁場 $\boldsymbol{H}$ が発生しています．

また，図 2.3(b) に示すアンペールの周回積分の法則は，右ねじの法則の逆の現象を考えて数式化したものです．すなわち，上下に張られた導線の周りを磁力線（つまり磁場）が右回りに 1 周すると導線には電流が下から上の方向へ流れるとして，これを数式で表したものです．

磁気の場合には電流から放出される磁力線が周囲の空間を磁気的にゆがめ，これが磁場 $\boldsymbol{H}$（または磁束密度 $\boldsymbol{B}$）になると考えているのです．数式の上では，電場 $\boldsymbol{E}$ の場合に電気力線の密度が電場 $\boldsymbol{E}$ になるのと同様に，磁力線の密度が磁場 $\boldsymbol{H}$ になります．磁場 $\boldsymbol{H}$ と磁束密度 $\boldsymbol{B}$ の関係は，真空の

透磁率を μ_0 とすると $\boldsymbol{B} = \mu_0 \boldsymbol{H}$ と書けます．

アンペールの周回積分ではいま説明した内容が数式に表されています．すなわち，図 2.3(b) に示す上下に張られた導線を中心にして，磁力線（の密度）すなわち磁場（大きさ H）を 1 周にわたって足し合わせる（積分する）と，これは $\int_C Hdl$ となりますが，これは中心を下から上へ流れる電流 I と等しくなります．したがって，次の式が成り立ちます．

$$\oint_C Hdl = I \tag{2.16}$$

電流の大きさ I は電流密度の大きさ i に電流の流れる導線の断面積 S を掛けたものですのですから，電流密度 i は電流 I を導線の断面積 S で割ったもの（$i = \dfrac{I}{S}$）になるので，電流 I は逆に電流密度 i に S を掛けたものになります．だから，電流 I は導線を断面積にわたって積分して，次の式で表されます．

$$I = \int_S idS \tag{2.17}$$

したがって，この関係式 (2.17) を式 (2.16) の右辺の電流 I の代わりに代入すると，アンペールの（周回積分の）法則の式として，次の式が得られます．

$$\oint_C Hdl = \int_S idS \tag{2.18a}$$

この式 (2.18a) はベクトル表示を使って書くと，次のようになります．

$$\oint_C \boldsymbol{H} \cdot d\boldsymbol{l} = \int_S \boldsymbol{i} \cdot d\boldsymbol{S} \tag{2.18b}$$

この式 (2.18b) をベクトル微分演算子を使って微分型で表すと，第 3 章で説明するように，(2.15) になります．

2.3 アンペール・マクスウェルの法則

◆アンペールの法則の式はそのままではマクスウェル方程式の一つとして採用できない

マクスウェルは，電磁気学の 4 個の基本方程式をまとめて，電磁気学の体系的な基本方程式（マクスウェル方程式）を作るに当たって，“この方程式が電磁気学の重要な規則に違反しないこと，および 4 個の式の間に矛盾が起こらないこと”に注意を払いました．マクスウェルが重視した電磁気学の規則の一つは，電荷の保存則です．電荷の保存則は，電気現象が起こるすべての場合に常に成立しなければならない重要な法則だからです．

第 1 章で述べたように，電荷の保存則は定常状態のとき（電流が時間的に変化しない場合）と，非定常状態のとき（電流が時間的に変化する場合）に，それぞれ次の式が成立する必要があります．第 1 章の式番号を変更して再掲しますと，次のようになります．

定常状態のとき： $$\operatorname{div} \boldsymbol{i} = 0 \tag{2.19a}$$

非定常状態のとき： $$\operatorname{div} \boldsymbol{i} + \frac{\partial \rho}{\partial t} = 0 \tag{2.20a}$$

なお，これらの式 (2.19a) と式 (2.20a) は積分型で書くと，それぞれ次のようになります．

$$\int_S \boldsymbol{i}(\boldsymbol{x}) \cdot d\boldsymbol{S} = 0 \tag{2.19b}$$

$$\int_S \boldsymbol{i}(\boldsymbol{x}, t) \cdot d\boldsymbol{S} + \frac{dQ(t)}{dt} = 0 \tag{2.20b}$$

上の式では，時間変化しない電流表示の座標には $\boldsymbol{x}$ のみを使用していますが，この座標は 3 次元空間内の位置座標ですので，厳密には x, y, z で表すべきです．しかし，ここでは煩雑さを避けるために，$\boldsymbol{x}$ だけを位置座標の代表として使い，$\boldsymbol{i}(\boldsymbol{x})$ と表記することにしています．また，時間変化する場合の電流の座標表示は $\boldsymbol{i}(\boldsymbol{x}, t)$ としています．

マクスウェルが電磁気学の基本的な法則として採用した 4 個の法則の中

で，電流（大きさ I）{または電流密度（大きさ $\boldsymbol{i}$）} が関係している式は，前項に示したアンペールの法則の式の式 (2.15) のみです．この式には，序章で示したマクスウェル方程式の式 (I.1) にはある $\dfrac{\partial \boldsymbol{D}}{\partial t}$ の項は見当たりませんので，式 (2.15) の両辺の div をとると，次の式が成り立ちます．

$$\mathrm{div}\,\mathrm{rot}\,\boldsymbol{H} = \mathrm{div}\,\boldsymbol{i} \tag{2.21}$$

この式 (2.21) の左辺の $\mathrm{div}\,\mathrm{rot}\,\boldsymbol{H}$ は，第1章の式 (1.12) で説明したように0になります．したがって，$\mathrm{div}\,\boldsymbol{i}$ は0になるので，アンペールの法則の式は定常状態では電荷の保存則 (2.19a) をみたしていることがわかります．

だから，電流密度 $\boldsymbol{i}$ が常に一定で時間 t に依存しないで，これが $\boldsymbol{i}(\boldsymbol{x})$ というように位置座標だけで表されるときには，このように $\dfrac{\partial}{\partial t}$ の項を含まない式で差し支えありません．しかし，時間に依存する場合はそうはいきません．電流密度 $\boldsymbol{i}$ が位置と時間の両方に依存する {$\boldsymbol{i}$ が $\boldsymbol{i}(\boldsymbol{x},t)$ で表される関数である} ときには，式 (2.20a) に従って，次の式が成り立たなければならないのです．

$$\mathrm{div}\,\boldsymbol{i}(\boldsymbol{x},t) + \frac{\partial \rho}{\partial t} = 0 \tag{2.22}$$

マクスウェルが非定常状態の電荷の保存則にこだわったのは，ファラデーの電磁誘導の法則では，磁場 $\boldsymbol{H}$ が時間的に変化する現象が起こっており，非定常状態の電磁気現象こそが重要であると考えたからです．マクスウェル方程式が全体として体系的な一つの方程式であるためには，アンペールの法則は非定常状態においても電荷の保存則は成り立たなければならないのです．

しかし，電磁気学の4個の基本的な法則の式の中で電流密度 $\boldsymbol{i}$ が唯一含まれている，アンペールの式 (2.15) では式 (2.20a) の非定常状態の電荷保存則の式は成立しません．そこで，マクスウェルはアンペールの法則の式 (2.15) において，電流を表す右辺に不足している項の $\dfrac{\partial \rho}{\partial t}$ を追加することにしました．

ここでマクスウェルはガウスの法則の式に注目しました．というのは，ガウスの法則は第1章の式 (1.6) に示すように，$\mathrm{div}\,\boldsymbol{D} = \rho$ という式で表されているからです．この式はここで使うので，第 1 章で使った式の番号を変更して，次に再掲します．

$$\operatorname{div} \boldsymbol{D} = \rho_v \tag{2.23}$$

そして，この式 (2.23) の両辺を時間 t で偏微分すると，次の式が得られます．

$$\frac{\partial}{\partial t} \operatorname{div} \boldsymbol{D} = \frac{\partial \rho_v}{\partial t} \tag{2.24}$$

div の演算では，偏微分 $\dfrac{\partial}{\partial t}$ 記号を div の中に入れても構いません．また，ρ と ρ_v が実質的に同じなので，$\rho_v = \rho$ として式を書くと，式 (2.24) は次のようになります．

$$\operatorname{div} \frac{\partial \boldsymbol{D}}{\partial t} = \frac{\partial \rho}{\partial t} \tag{2.25}$$

この式 (2.25) と電荷保存則の式 (2.22) を使うと，次の式が成り立ちます．

$$\operatorname{div} \boldsymbol{i} + \operatorname{div} \frac{\partial \boldsymbol{D}}{\partial t} = 0 \tag{2.26a}$$

$$\operatorname{div} \left(\boldsymbol{i} + \frac{\partial \boldsymbol{D}}{\partial t} \right) = 0 \tag{2.26b}$$

アンペールの式の両辺の div をとった式 (2.21) の右辺に，$\operatorname{div} \boldsymbol{i}$ の代わりに，この式 (2.26b) の左辺の項を使うと，次の式が得られます．

$$\operatorname{div} \operatorname{rot} \boldsymbol{H} = \operatorname{div} \left(\boldsymbol{i} + \frac{\partial \boldsymbol{D}}{\partial t} \right) \tag{2.27}$$

この式から，左右の項の div の右の項は等しいとおけるので，結局，次の式が成り立ちます．

$$\operatorname{rot} \boldsymbol{H} = \boldsymbol{i} + \frac{\partial \boldsymbol{D}}{\partial t} \tag{2.28}$$

こうして得られた式 (2.28) は，この式の導出の過程で非定常状態のときの電荷の保存則の式 (2.22) を使っているので，電荷の保存則をみたしています．そしてこの式 (2.28) は，非定常状態の電流 $\boldsymbol{i}$ と磁場 $\boldsymbol{H}$ の関係を表す，正しい式ということになります．この式 (2.28) はマクスウェルがアンペールの法則を修正して作ったので，この後，アンペール－マクスウェルの法則の式と呼ばれるようになります．

式 (2.28) の $\dfrac{\partial \boldsymbol{D}}{\partial t}$ の項は，第1章ですでに説明したように，変位電流（または電束電流）の密度を表しています．マクスウェルは以下の考察から，アンペールの式にこの変位電流の項 $\dfrac{\partial \boldsymbol{D}}{\partial t}$ を追加することは妥当だと考えました．もっとも，このマクスウェルの考えはマクスウェルの生前には当時の科学者たちから認められることはなかったといわれています．

これまで何度も指摘したように電束密度 $\boldsymbol{D}$ と電場の間には $\boldsymbol{D} = \varepsilon \boldsymbol{E}$ の関係があるので，$\dfrac{\partial \boldsymbol{D}}{\partial t}$ は $\varepsilon \dfrac{\partial \boldsymbol{E}}{\partial t}$ と書けます．すると $\dfrac{\partial \boldsymbol{E}}{\partial t}$ は電場 $\boldsymbol{E}$ の時間変化になりますが，マクスウェルは，第1章でも述べたように電場 $\boldsymbol{E}$ の時間変化が磁場 $\boldsymbol{H}$ を発生させると考えるのは妥当であるとしたのです．なぜかといいますと，このあと述べるファラデーの電磁誘導の法則によって図 2.4(b) に示すように，磁場 $\boldsymbol{H}$（ここでは磁束密度 $\boldsymbol{B}$ を使用）が時間変化すると電場 $\boldsymbol{E}$ が生まれます．また，序章や第1章で述べましたが，図 2.4(a) に示すように電場 $\boldsymbol{E}$ が時間変化するときに磁場 $\boldsymbol{H}$（磁束密度 $\boldsymbol{B}$）が生まれるからです．

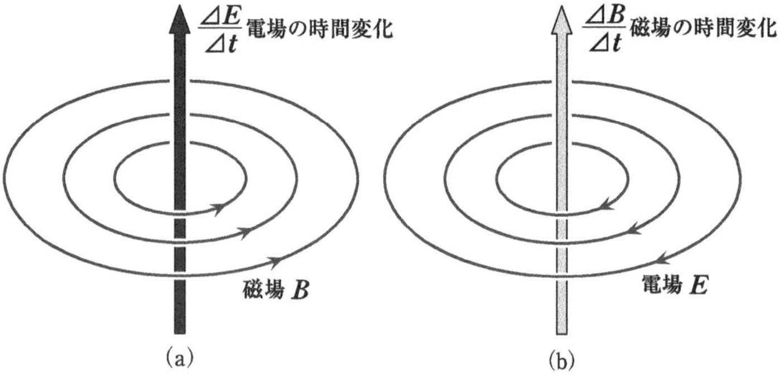

図 2.4 電場 $\boldsymbol{E}$ の変化による磁場 $\boldsymbol{B}$ の発生 (a) と磁場 $\boldsymbol{B}$ の変化による電場 $\boldsymbol{E}$ の発生 (b)

このことは既に序章の第 I.2.2 節に具体的に示しました．すなわち，電流が存在しない空間では，電場 $\boldsymbol{E}$ の時間的変動 $\dfrac{\partial \boldsymbol{E}}{\partial t}$ が磁場 $\boldsymbol{H}$ を発生させることがわかるのです．そして，この考えの延長に電磁波の発生があります．しかし，電磁波の発生も，その発生のメカニズムも，そして変位電流の存在自体をも認めようとしない当時の科学者たちは，ついにマクスウェルの存命中，彼の考えを認めることはなかったと伝えられています．

2.4 ファラデーの電磁誘導の法則

◆ファラデーの電磁誘導では起電力が誘起される！

ファラデーの電磁誘導の法則の式は，マクスウェル方程式では第 1 章の式 (1.5) で表される $\mathrm{rot}\,\boldsymbol{H} = \dfrac{\partial \boldsymbol{B}}{\partial t}$ に対応します．ファラデーは電磁誘導現象を発見したときに，これを

“一つの電気回路に鎖交(さこう)する（よぎって交わる）磁束 Φ_m が変化すると，磁束の変化の割合によって，その回路に起電力が誘起される”

と表現して発表しました．

このファラデーの電磁誘導についての表現内容を，比較的忠実に式を使って表現すると，起電力を E_e，鎖交磁束を Φ_m として，E_e は次の式で表されます．

$$E_e = -\frac{d\Phi_m}{dt}\ [\mathrm{V}] \tag{2.29}$$

ここで，この式 (2.29) の右辺に負符号が付されているのは，電磁誘導によって発生する起電力 E_e の（正の）方向は，電気回路をよぎって通る磁束の変化 $\dfrac{d\Phi_m}{dt}$ を妨げる方向になるからです．このことを最初に指摘したのは，ほぼ同時期ですがファラデーより少し遅れて電磁誘導を発見したレンツ（H. Lenz, 1804〜1865）です．

ところで，一般の多くの人によく知られている電磁誘導現象の内容は，図 2.5 に示すように，磁束 Φ_m の変化によって“電流”が流れる！ というものです．ところが，ファラデーの発表内容にも式 (2.29) にも電流の姿は見当たりません．“これはどうしたことだ？”と不審に思う読者もいると思います．

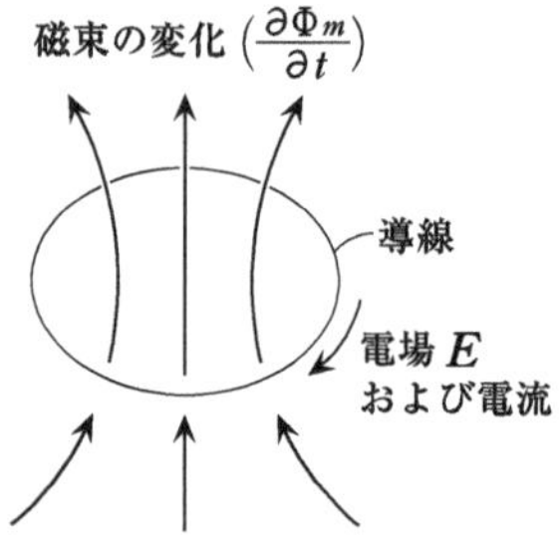

図 2.5　ファラデーの電磁誘導（電流が流れる！）

電流が式 (2.29) に現れていない理由は，起電力 E_e の物理的な内容を解き明かすことによって明らかになります．このことは以下の説明と密接に関連しますので，以下の説明のあとで解説することにします．すなわち，式 (2.29) を解析して，この式がマクスウェル方程式の式 (1.5) につながる状況をまず説明することにします．式 (1.5) は微分型の式ですが，ここではこれの元の形の積分型のファラデーの電磁誘導の式を導くことにします．

まず，式 (2.29) の左辺の起電力 E_e ですが，起電力は電流の駆動力となるもので，電流を発生させる電位差のことです．例えば，1.5 [V] の乾電池は 1.5 [V] の起電力が必要な電気装置を動かすことができます．そもそも電位というものは，単位電荷当たり，つまり 1 [C] 当たりの位置のエネルギーなのです．

だから，起電力 E_e も電位差ですから，単位電荷当たりのエネルギーです．これを元から考えますと，エネルギーは仕事と等しいですから，起電力を仕事で考えますと次のようになります．第 2.1 節ですでに説明したように，電荷 Q に電場 E を作用させると，$F = EQ$ で表される力（大きさ F）が電荷 Q に働きます．電荷に力 F を作用させて，F の方向に距離 l だけ動かすと，Fl，つまり EQl の仕事をします．だから，この仕事量を W で表すと $W = EQl$ となります．したがって，電場（大きさ E）の単位電荷当たりの仕事は，仕事 W を電荷の Q で割って，$\dfrac{W}{Q} = El$ となります．この El が起電力になります．

いま，図 2.6 に示すように，円周の長さが l のリング状の導線を閉曲線 C

とすることにして，閉曲線 C を電場 E が 1 周すると，電場 E は El の仕事をするので．起電力 E_e は先ほどの議論から，次の式で表されることになります．

$$E_e = El = \oint_C Edl \tag{2.30}$$

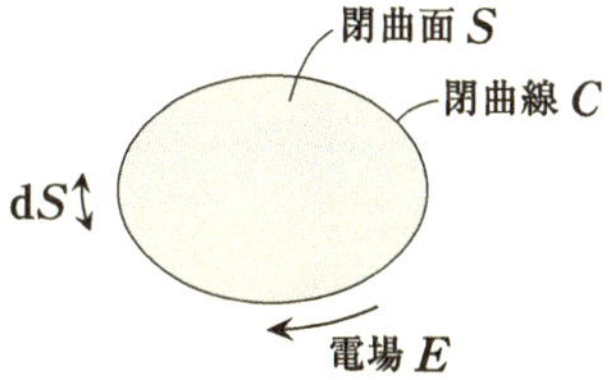

図 2.6 導線に生じる電場 $\boldsymbol{E}$

次に，式 (2.29) の右辺は磁束 Φ_m の時間変化ですが，磁束 Φ_m は図 2.6 に示した，閉曲線 C が囲む，面積が S の面を閉曲面と見なし，磁束 Φ_m が閉曲面の全面をよぎって通っているとすると，磁束密度の大きさ B を使って磁束は $\Phi_m = SB$ となります．したがって，式 (2.29) の右辺は Φ_m の代わりに SB を代入すると，偏微分を使って $-S\dfrac{\partial B}{\partial t}$ となります．これは $\dfrac{\partial B}{\partial t}$ が閉曲面 S 内で一様だとすると積分を使って $-\displaystyle\int_S \frac{\partial B}{\partial t} dS$ と書けます．

以上の簡単な演算によって，式 (2.29) の右辺は次のように表すことができます．

$$-\frac{d\Phi_m}{dt} = -\int_S \frac{\partial B}{\partial t} dS \ [\mathrm{V}] \tag{2.31}$$

したがって，この式 (2.31) と式 (2.30) を使うと，式 (2.29) は次の式のように書けます．

$$\oint_C Edl = -\int_S \frac{\partial B}{\partial t} dS \ [\mathrm{V}] \tag{2.32a}$$

この式 (2.32a) はファラデーの電磁誘導の法則の式の積分型といわれます．この式 (2.32a) はベクトル表示で書くと，次のように表されます．

$$\oint_C \boldsymbol{E}\cdot d\boldsymbol{l} = -\int_S \frac{\partial \boldsymbol{B}}{\partial t}\cdot \boldsymbol{n}dS\ [\mathrm{V}] \tag{2.32b}$$

◆起電力が誘起されるから，誘導電流が流れる！

最後に，ファラデーの電磁誘導の法則を平易な説明でまとめておくと，次のようになります．すなわち，閉じた導線が囲むリングの中を磁束がよぎって（全面にわたって）通過し磁束が変化すると，導線には磁束の変化を妨げる方向に電場 $\boldsymbol{E}$ が発生し，この電場 $\boldsymbol{E}$ によって起電力 E_e が発生します．

そして，導線には電気抵抗が存在するのが普通ですので，導線の抵抗を R とすると，起電力 E_e によって電流 I $\left(= \dfrac{E_e}{R}\right)$ が流れます．したがって，リング状の導線の中を磁束がよぎって通ると導線に電流が流れる，つまり磁束 Φ_m（磁力線の束）の時間変化によって電流が誘起されます．この最後の説明が一般の人たちにもなじみがある電磁誘導の姿だと思います．

2.5 磁場に関するガウスの法則

◆電流から生まれる磁力線は循環していて四方へ発散はしていない！

磁場 $\boldsymbol{H}$ に関するガウスの法則はマクスウェル方程式の式 (1.7) で現れる $\mathrm{div}\,\boldsymbol{B} = 0$ です．この式には磁束密度 $\boldsymbol{B}$ が使われていますが，$\boldsymbol{H}$ と $\boldsymbol{B}$ の間には透磁率 μ を係数として $\boldsymbol{B} = \mu\boldsymbol{H}$ の関係があるので，磁束密度 $\boldsymbol{B}$ はしばしば磁場とも呼ばれているのです．この節では，磁場に関するガウスの法則の物理的な意味を基本に戻って考えることにします．

磁気はアンペールの右ねじの法則によって電流から発生しますが，電流から発生する磁力線は，図 2.7 に示すように，電流の流れている方向に対して右回りに放出されます．しかし，磁力線は放出したあと，周りに拡散して遠くへ発散してしまうわけではなく，電流の周りをいつまでも回っている，つまり電流の周りを循環しているのです．

ですからこの磁力線には，これが発生する（電気の電荷に相当する）磁荷のようなものは存在しませんし，磁力線の吸い込む磁荷もありません．この点は電気の場合の電気力線とは状況が大きく異なっています．また，磁力線の束は磁束ですので，磁束 Φ_m は電流の周りを循環していることを表してい

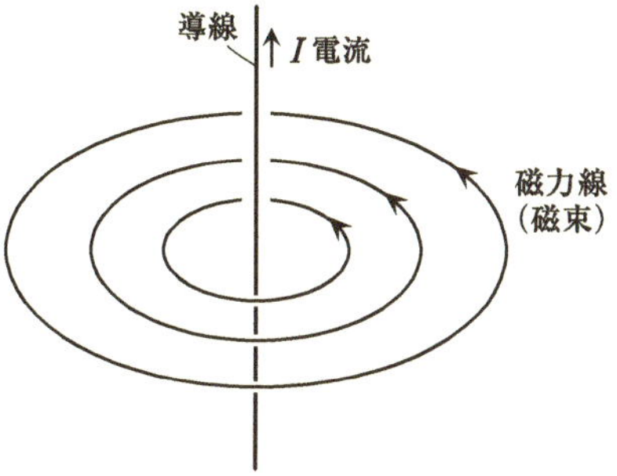

図 2.7　アンペールの右ねじの法則

ます．だから，磁束 Φ_m が発散することはないのです．

◆磁石はいくら小さく分割しても N 極と S 極を持つ！

磁力線といえば，誰もがまず思い浮かべるのは磁石です．磁石には N 極と S 極があり，磁力線が N 極から出て S 極に吸い込まれることが有名だからです．昔から永久磁石の N 極から磁力線が発生して，S 極に磁力線が吸い込まれていると説明されてきました．そしてこれを少しも疑うことなく人々は信じてきました．しかし，マクスウェル方程式の磁場に関するガウスの法則は，磁束つまり磁力線の湧き出しはないと主張しています．昔からの永久磁石の磁力線の説明は間違っているのでしょうか？

結論を話す前に，永久磁石の性質を簡単に調べてみましょう．調べてみると，これから述べるように奇妙な現象が起こるのです．

いま，一本の長い棒磁石があるとしましょう．この棒磁石を，図 2.8 に示すように，半分に分割してみます．すなわち，棒磁石を二つに割ると，この長さが半分の棒磁石には N 極と S 極ができて，半分の棒は両方とも N 極と S 極を備えた長さの短い棒磁石になります．2 個の半分の長さの磁石を更に半分に割りました．やはり，割った棒磁石には N 極と S 極ができます．この状況は棒磁石をどんなに小さく分割しても変わりません．

つまり，ごく小さく分割した磁石の小さい破片には常に N 極と S 極ができて，両方の破片からは磁力線が出てくるのです．

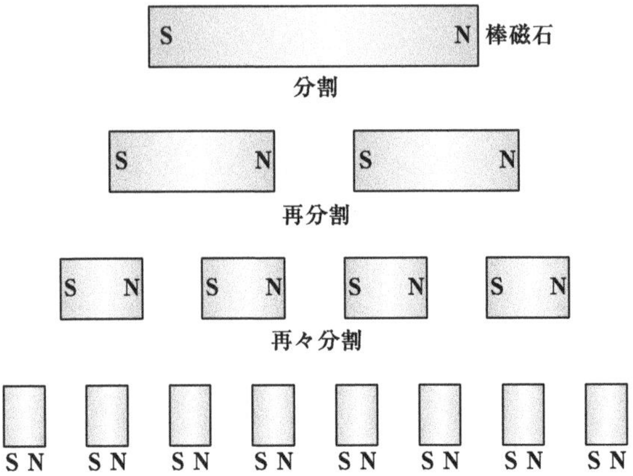

図 2.8 磁石の分割

ここまで話しますと，読者のみなさんも何か変だと気付かれたはずです．最初には1個であると思われていたN極が，数限りなく多くになったのですから！　不思議なのはそれだけではありません．最初棒磁石のS極のすぐ近くに位置していた棒磁石の箇所も，小さく分割してみると，（分割した小片では）N極になっているのです．

◆磁力線がN極で発生して，S極に吸いこまれると考えるのは間違い⁉

こうなると，N極で磁力線が発生してS極で磁力線が吸い込まれるという考えは正しくないことがわかります．しかし，磁力線が（棒）磁石の片方の端（極）から出て，他方の端（極）に入っているのは，最初の状態の棒磁石でも小さい破片の磁石でも起こっていることなので，厳然とした事実です．ですから，この現象がすべてうまく説明できないと，“磁力線の発生点はN極には存在しない”と説明されても誰も納得しません．

この混乱を解決する説明は，図2.9に示すように，磁力線は磁石の両端（極）を中継点として循環しているという解釈です．この解釈では，磁力線は磁石の中を通って循環しているということです．ですから，N極やS極は磁力線の通り道であって，これらの極は一つの通過点にすぎないのです．

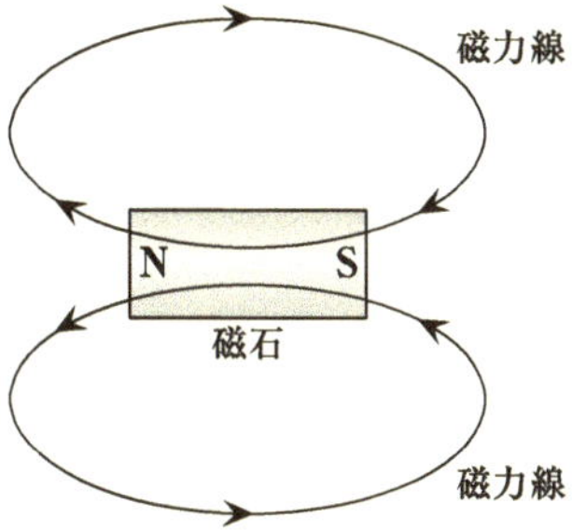

図 2.9　磁力線（磁束）は循環している！

N 極が磁力線の発生源で，S 極が吸い込み口になっているように見えるのは，外見上このように見えるだけなのです．それをこれまでの古い考えではN 極の位置を磁力線の発生源，そして S 極の位置を吸収口と誤ってとらえていたのです．

なぜかといいますと，これは量子力学で明らかにされたことですが，磁気の発生源は電子の持つスピンであることが現在では明らかにされているからです．すなわち，電子のスピンが磁気双極子の働きをしていて，これが磁力線を発生させているのです．しかし，スピンは電気力線が発生して四方に発散する電荷のような発生源ではなく，循環する磁力線の起点にすぎないのです．

◆磁気には電荷のような磁荷は存在しない！

静磁気学では昔から磁気を発生する磁荷が存在すると信じられていましたが，この考えは正しくなかったのです．現在でも静磁気学では磁荷が使われる場合も多いのですが，最近では，磁荷は仮想的なものであって，磁気をわかりやすく説明するために仮に使っている，というふうな注釈が付けられているのが普通です．

しかし，量子力学の分野で鬼才と呼ばれ，数々の偉大な業績を挙げたディラック（P. Dirac, 1902〜1984）は磁気単極子（モノポール）の存在を理論的に予想しました．このため多くの科学者がモノポールの発見に一時血まなこになりましたが，少なくとも現在までのところ発見されていません．したがって，磁気には電気の電荷のような磁力線を発生する磁荷は存在しないとするのが妥当だとされています．

さて，磁場に関するガウスの法則の式の説明に移ります．磁荷は本当は存在しないのですが，説明の都合上，磁荷が存在すると仮定することにします．そして，磁荷を Q_m とすることにして，磁場（大きさ H）に関するガウスの法則の式を書き下しましょう．電場（大きさ E）に関するガウスの法則の式 (2.10b) において，電場 E，電荷 Q，誘電率 ε_0 を，それぞれ磁場 H，磁荷 Q_m，透磁率 μ_0 と置き換えると，次の式ができます．

$$\int_S HdS = \frac{Q_m}{\mu_0} \tag{2.33}$$

しかし，実際には磁荷 Q_m は存在しないので，$Q_m = 0$ とおきますと，式 (2.33) の右辺は 0 となり，次の式ができます．

$$\int_S HdS = 0 \tag{2.34a}$$

ここで，$\mu_0 H = B$ の関係を使うと，$\dfrac{1}{\mu_0}$ は 0 ではないので，式 (2.34a) から次の式が得られます．

$$\int_S BdS = 0 \tag{2.34b}$$

これらの式 (2.34a, b) は，磁場 H（または磁束密度 B）をこれを囲む閉曲面の表面（面積 S）ですべて積分したものが 0 になることを表しています．磁場の大きさ H は磁力線の密度なので，これは結局，“磁力線をすべて集めたものは 0 である”という意味になります．

すべて集めて 0 ということは，磁力線は集めることができないことを表しています．これは磁力線の湧き出しはないから，磁場（磁力線の密度）を囲む閉曲面では集めることはできないことを意味しているのです．実は式 (2.34a, b) は，磁場に関するガウスの法則についてのマクスウェル方程式の積分型です．なお，式 (2.34b) をベクトル表示で書くと，次のようになります．

$$\int_S \boldsymbol{B} \cdot \boldsymbol{n} dS = 0 \tag{2.34c}$$

演習問題 Problems

問 2-1 真空の雰囲気の中に $1 \times 10\,[\mu\mathrm{C}]$ の電荷 Q_1 がある．この位置から $5\,[\mathrm{m}]$ 離れた位置の電気力線の密度 n_0 と電場の大きさ E を求めよ．真空の誘電率は $\varepsilon_0 = 8.855 \times 10^{-12}\,[\mathrm{F/m}]$ である．

問 2-2 上の問 2-1 において，電束密度の大きさ D はいくらになるか？

問 2-3 問 2-1 において，電荷から $5\,[\mathrm{m}]$ 離れた位置にもう一つ電荷 Q_2 を置いた．電荷 Q_2 が $2 \times 10\,[\mu\mathrm{C}]$ であるとき，電荷 Q_2 に加わる力の大きさ F を，電場の大きさ E と電荷 Q の関係を使って計算せよ．

問 2-4 上下に直線状に張られた導線に上から下方向に $2\,[\mathrm{A}]$ の電流 I が流れている．磁力線の発生の様子を説明するとともに，導線から $2\,[\mathrm{m}]$ 離れた位置の磁場の大きさ H を求めよ．

問 2-5 コイル面をよぎって貫いている磁束が $5\,[\mathrm{Wb}]$ となるコイルがある．あるとき事故が起こり，この磁束が突然 0 になった．この事故は 0.01 秒の間に起こったという．この事故でコイルの両端に発生した起電力はいくらか？

問 2-6 半径 r が $0.1\,[\mathrm{m}]$ の円形コイルがある．このコイルを磁束 Φ_m がよぎって貫いている．磁束の大きさは $\Phi_m = SB_0 \cos\omega t$ の形で表され，これが周期的に時間変化しているとして，このとき発生する起電力 E_e を求めよ．なお，周波数 f は $f = 50\,[\mathrm{s}^{-1}]$ とせよ．ここで，B_0 は磁束密度で，その値は $0.3\,[\mathrm{T}]$ である．なお，単位については $[\mathrm{T}] = [\mathrm{Wb/m^2}]$, $[\mathrm{Wb/s}] = [\mathrm{V}]$ の関係がある．

解答 Solutions

答 2-1 電気力線の密度 n_0 は本文の式 (2.2b) を使って次のように計算できる．

$$n_0 = \frac{Q}{4\pi\varepsilon_0 r^2} = \frac{1 \times 10^{-6}\,[\mathrm{C}]}{4 \times 3.14 \times 8.855 \times 10^{-12}\,[\mathrm{F/m}] \times 5^2\,[\mathrm{m}^2]}$$
$$= \frac{1 \times 10^{-6}\,[\mathrm{C}]}{2.78 \times 10^{-9}} = 3.60 \times 10^2\,[\mathrm{V/m}]$$

電場の大きさ E は電気力線の密度であるから，電気力線の密度と同じで，$E = 3.60 \times 10^2\,[\mathrm{V/m}]$ となる．なお，単位の計算には，$[\mathrm{C}]/[\mathrm{F} \cdot \mathrm{m}] = [\mathrm{V/m}]$ の関係を使っている．

答 2-2 電束密度の大きさは $D = \varepsilon_0 E$ の関係を使って，$D = 8.855 \times 10^{-12}\,[\mathrm{F/m}] \times 3.60 \times 10^2\,[\mathrm{V/m}] = 3.19 \times 10^{-9}\,[\mathrm{C/m^2}]$ と求まる．単位の計算には，$[\mathrm{F/m}] \times [\mathrm{V/m}] = [\mathrm{C/m^2}]$ の関係を使っている．

答 2-3 電場 E の中に置かれた電荷 Q に加わる力の大きさ F は，$F = QE$ で表されるので，電荷が Q_2 であれば，$F = Q_2E = 3.60 \times 10^2\,[\mathrm{V/m}] \times 2 \times 10^{-6}\,[\mathrm{C}] = 7.2 \times 10^{-4}\,[\mathrm{N}]$ となる．単位の計算には（$[\mathrm{V/m}] = [\mathrm{N/C}]$ であるから），$[\mathrm{C}][\mathrm{V/m}] = [\mathrm{N}]$ の関係を使っている．

答 2-4 電流の流れる方向が本文の図 2.3 の場合の逆なので，発生する磁力線の方向も図 2.3 の場合の逆方向になる．磁場の大きさ H は式 (2.16) を使って，まず，左辺は円周の長さが $2\pi r$ なので，$2\pi rH$ となる．したがって，$2\pi rH = I$ の関係が成り立つから，この関係を使って，$H = \dfrac{I}{2\pi r} = \dfrac{2\,[\mathrm{A}]}{2 \times 3.14 \times 2\,[\mathrm{m}]} = 0.159\,[\mathrm{A/m}]$ と求まる．

答 2-5 起電力 E_e は，$E_e = -\dfrac{d\varPhi_m}{dt}$ で与えられるので，題意の値を使って，$E_e = \dfrac{-5\,[\mathrm{Wb}]}{0.01\,[\mathrm{s}]} = -500\,[\mathrm{Wb/s}] = -500\,[\mathrm{V}]$ と求まる．単位の計算には，$[\mathrm{Wb}] = [\mathrm{V \cdot s}]$ の関係を使っている．

答 2-6 $E_e = -\dfrac{d\varPhi_m}{dt}$ の関係を使って起電力 E_e を計算すればよい．題意により，$\varPhi_m = SB_0 \cos\omega t$ なので，$-\dfrac{d\varPhi_m}{dt} = SB_0\omega \sin\omega t = 3.14 \times (0.1\,[\mathrm{m}])^2 \times 0.3\,[\mathrm{T}] \times 2 \times 3.14 \times 50\,[\mathrm{s^{-1}}] \sin\omega t = (2.96 \sin\omega t)\,[\mathrm{V}]$ となる．単位は $[\mathrm{T}] = [\mathrm{Wb/m^2}]$ なので，$[\mathrm{m^2 \cdot T/s}] = [\mathrm{Wb/s}] = [\mathrm{V}]$ である．

第3章

微分型表示の特徴と積分型から微分型への変換

マクスウェル方程式は，ベクトル微分演算子を使って微分型で表記されているので，その特徴と，このように書かれた理由を簡単に述べます．しかし，マクスウェル方程式の定式化の元となった電磁気学の4個の基本法則の表示には，積分型が使われているのが普通です．この章では，これらの式をそのまま使って積分型で表されるマクスウェル方程式も示しました．そのあと，微分型と積分型の式が同一の内容を表していることを理解するために，積分型の式を微分型の表示へ変換する方法を述べます．この変換には「ガウスの定理」と「ストークスの定理」が使われますので，これらの定理について解説します．それとともに，積分型から微分型への式の変換を具体的に実施して，4個の基本式とマクスウェル方程式の関係の理解が深まるよう工夫します．

MAXWELL'S EQUATIONS CHAPTER 03

3.1 微分型とその特徴

◆ベクトル微分演算子を使うとマクスウェル方程式の意味がイメージできる！

微分型のマクスウェル方程式は，すでに第1章でベクトル微分演算子を用いた式として載せましたが，説明の都合上，この章にも以下に掲載することにします．

$$\mathrm{rot}\,\boldsymbol{H} = \boldsymbol{i} + \frac{\partial \boldsymbol{D}}{\partial t} \tag{3.1}$$

$$\mathrm{rot}\,\boldsymbol{E} = -\frac{\partial \boldsymbol{B}}{\partial t} \tag{3.2}$$

$$\mathrm{div}\,\boldsymbol{D} = \rho \tag{3.3a}$$

$$\mathrm{div}\,\boldsymbol{E} = \frac{\rho}{\varepsilon} \tag{3.3b}$$

$$\mathrm{div}\,\boldsymbol{B} = 0 \tag{3.4}$$

これも説明の都合上ですが，電場に関するガウスの法則については，電束密度 $\boldsymbol{D}$ で表示した式 (3.3a) と並んで，電場 $\boldsymbol{E}$ で表示した式 (3.3b) も示しました．電束密度 $\boldsymbol{D}$ と電場 $\boldsymbol{E}$ の間には $\boldsymbol{D} = \varepsilon\boldsymbol{E}$ の関係がありますから，この関係を使ったのです．

マクスウェル方程式の微分型表示には，次のような特徴があります．式 (3.1〜4) を見るとわかるように，マクスウェル方程式の微分型表示にはベクトル微分演算子の rot や div が使われています．序章でも触れたように，ベクトル微分演算子の rot には回転とか循環，div には発散や湧き出しの意味があります．したがって，これらの演算子が使われている微分型の数式を見れば，その式がどのような物理的な意味を持っているかが，式を見ただけでイメージできます．したがって，ベクトル微分演算子を使った微分型表示の式には，式から（式の）内容の物理的意味が読みとれるという利点があります．

ただ，マクスウェル方程式の $\mathrm{rot}\,\boldsymbol{H}$ や $\mathrm{rot}\,\boldsymbol{E}$，そして $\mathrm{div}\,\boldsymbol{E}$ や $\mathrm{div}\,\boldsymbol{B}$ を理解するには，ちょっとした電磁気学についての予備知識が必要です．すなわち，磁場 $\boldsymbol{H}$ は，ファラデーが最初に想定した，磁気の力線である磁力線の密度を表すもの，ということを知っておく必要があります．そして，磁束は磁力線の束であるという知識も必要です．

そうすれば，例えば，式 (3.1) は磁場の循環（$\mathrm{rot}\,\boldsymbol{H}$）が電流 $\boldsymbol{i}$ に等しいとなっていることも容易に理解できます．すなわち，磁場は磁力線とか磁束の密度ですから，左辺の循環する磁力線の密度（つまり $\mathrm{rot}\,\boldsymbol{H}$）は，循環する磁束の中を通る電流密度（$\boldsymbol{i}+\dfrac{\partial \boldsymbol{D}}{\partial t}$）によって作られるのだな，ということが読みとれます．

また，電場 $\boldsymbol{E}$ は，電気の力線，つまり電気力線の密度を表すものなので，式 (3.2) は同様に，次のように読みとれます．すなわち，左辺の $\dfrac{\partial \boldsymbol{B}}{\partial t}$ は磁束密度 $\boldsymbol{B}$ の時間変化を表していますから，磁束（密度）が時間的に変化すると，これは（磁束の周りを）循環する電場 $\boldsymbol{E}$（$\mathrm{rot}\,\boldsymbol{E}$）になる，つまり磁束（密度）が時間的に変化すると，その周りに循環する電場 $\boldsymbol{E}$ が誘導されることが，この式から読みとれます．このことは第 2 章で説明しましたが，電場 $\boldsymbol{E}$ の循環が生じると起電力 E_e が生まれ，この起電力 E_e によって電流が流れる，つまり磁束の変化によって電流が誘導・発生します．これらのことが，式 (3.2) からわかります．

式 (3.3a) の $\mathrm{div}\,\boldsymbol{D}$ は電束（密度）の湧き出しを表しています．電束は電気力線の束ですから，この式 (3.3a) は電気力線の束が電荷（密度 ρ）から湧き出していることを表しています．

次に $\mathrm{div}\,\boldsymbol{E}$ のほうですが，電場 $\boldsymbol{E}$ は電気力線の密度ですから，$\mathrm{div}\,\boldsymbol{E}$ は電気力線（の密度）の湧き出しを表しています．したがって，式 (3.3b) は“電気力線の湧き出し（$\mathrm{div}\,\boldsymbol{E}$）が電荷密度 ρ に等しい”という意味です．電磁気学の知識があれば，このことは右辺の電荷（ここでは電荷密度 ρ）から電気力線が湧き出していると解釈できます．

最後の式 (3.4) の $\mathrm{div}\,\boldsymbol{B}=0$ ですが，これを解釈するには磁気についての予備知識が必要です．すなわち，磁気の発生源は電流とかスピンです．スピンは磁気双極子として働いています．いずれにしても，磁場 $\boldsymbol{H}$ である磁力線（の密度）は電流やスピンの周りを循環していて，磁気の発生や吸収を起こす点状の磁荷はありません．磁束（の密度 $\boldsymbol{B}$）には発生する元になる電荷のようなものは存在しないのです．式 (3.4) では右辺は 0 ですから，磁束の湧き出し（つまり $\mathrm{div}\,\boldsymbol{B}$）はない，すなわち磁束（密度 $\boldsymbol{B}$）が湧き出すような磁気の点状の発生源は存在しない，と式 (3.4) から読みとれます.

3.2 積分型と電磁気学の基本的法則の式との関係

◆ベクトル微分演算子が苦手な人には積分型のほうがわかりやすい

マクスウェル方程式はマクスウェルがこの方程式を作った経緯から考えると，これまで説明してきたように，微分型が本来の姿です．しかし，マクスウェルがマクスウェル方程式の作成において利用した電磁気学の基本式は，普通には積分型で書かれています．そこで，積分型のマクスウェル方程式を式 (3.1〜4) に対応させて書くと以下のようになります.

$$\oint_c \boldsymbol{H} \cdot d\boldsymbol{l} = \int_s \left(\boldsymbol{i} + \frac{\partial \boldsymbol{D}}{\partial t} \right) \cdot d\boldsymbol{S} \tag{3.5}$$

$$\oint_c \boldsymbol{E} \cdot d\boldsymbol{l} = \int_s \left(-\frac{\partial \boldsymbol{B}}{\partial t} \right) \cdot d\boldsymbol{S} \tag{3.6}$$

$$\int_s \boldsymbol{D} \cdot d\boldsymbol{S} = \int_v \rho_v dv \tag{3.7a}$$

$$\int_s \boldsymbol{E} \cdot d\boldsymbol{S} = \frac{1}{\varepsilon} \int_v \rho_v dv \tag{3.7b}$$

$$\int_s \boldsymbol{B} \cdot d\boldsymbol{S} = 0 \tag{3.8}$$

ここで，$\oint_c$，$\int_s$，および $\int_v$ は，前から順にそれぞれ，閉曲線 c に沿った線積分，面積 S の面積分，および体積 v の体積分です.

まず，式 (3.5) はアンペール－マクスウェルの法則の式を積分型で書いた式です．マクスウェルが基本式として最初に使った電磁気学の基本式は，次の磁気に関するアンペールの法則の式です.

$$\oint_c \boldsymbol{H} \cdot d\boldsymbol{l} = \int_s \boldsymbol{i} \cdot d\boldsymbol{S} \tag{3.9}$$

式 (3.5) の右辺には電流密度として $\boldsymbol{i}$ の他に，マクスウェルが追加した変位電流密度を表す $\dfrac{\partial \boldsymbol{D}}{\partial t}$ の項がありますが，この式 (3.9) には変位電流の項はありません.

式 (3.9) の右辺は電流密度 $\boldsymbol{i}$ を電流の流れる（導線の）断面積 $\boldsymbol{S}$ で積分し

ていて，次の式

$$\int_s \boldsymbol{i} \cdot d\boldsymbol{S} = I \tag{3.10}$$

に示すように電流 I になるので，結局式 (3.9) は次の式で表されます．

$$\oint_c \boldsymbol{H} \cdot d\boldsymbol{l} = I \tag{3.11}$$

この式は，詳しくはアンペールの周回積分の法則の式です．式 (3.11) の意味は，磁場 $\boldsymbol{H}$ を（電流の周りを 1 周する）閉曲線 c に沿って 1 周にわたって積分したものが，閉曲線 c の中を通って（いる導線を）流れる電流 I になることを表しています．

ベクトル微分演算子の扱いに不慣れな人には，アンペールの法則の式としては式 (3.9) や式 (3.11) の積分型のほうが理解しやすいかもしれません．式 (3.9) の右辺に変位電流の項 $\dfrac{\partial \boldsymbol{D}}{\partial t}$ を追加して，マクスウェル方程式の式 (3.5) の式が作られた経緯については第 1 章・第 2 章で詳しく述べましたので，そちらを参照してください．

式 (3.6) はファラデーの電磁誘導の法則を積分型の式で表したものです．この式 (3.6) の左辺は電場 $\boldsymbol{E}$ を（磁束を囲む）閉曲線 c の 1 周にわたって積分したものですが，これは起電力 E_e になります．また，磁束は（磁束を囲む）閉曲面 S で $\boldsymbol{B}$ を積分したものなので，磁束を Φ_m とすると，Φ_m は SB となります．だから，磁束密度の時間変化 $\dfrac{\partial \boldsymbol{B}}{\partial t}$ を面積 S で積分したものは，磁束の時間変化 $\dfrac{\partial \Phi_m}{\partial t}$ になります．したがって，起電力を E_e で表すと，式 (3.6) は次のように書けます．

$$E_e = -\frac{\partial \Phi_m}{\partial t}\ [\mathrm{V}] \tag{3.12}$$

この式 (3.12) は，磁束 Φ_m が時間的に変化すると起電力 E_e が発生するというもので，ファラデーの電磁誘導の法則の元々の形を表しています．

また，式 (3.7a, b) は電場に関するガウスの法則の式です．ここでは式 (3.7b) を使って説明しますと，式 (3.7b) の左辺は（電荷を囲む）閉曲面 S の全面にわたって電気力線の密度，つまり電場 $\boldsymbol{E}$ を積分しているので SE となります．この式 (3.7b) の右辺は電荷の体積密度 ρ_v を体積 v で積分しているので，体積に含まれる電荷 Q になります．したがって，式 (3.7b) は次のように書き換えることができます．

$$SE = \frac{1}{\varepsilon}Q \tag{3.13a}$$

$$\therefore \quad E = \frac{1}{\varepsilon}\frac{Q}{S} = \frac{1}{\varepsilon}\rho_S \tag{3.13b}$$

ここで，ρ_S は電荷の面積密度です．だから式 (3.7b) は電気力線（の密度）を集めたものが電荷になることを示しています．

最後に，式 (3.8) は磁場に関するガウスの法則の式です．この式 (3.8) の左辺は磁束 $\varPhi_m$ を囲む磁束の面積分ですから，SB になります．磁束が湧き出す磁極の存在を仮定すると，湧き出した磁束 $\varPhi'_m$ との関係は $SB = \varPhi'_m$ となります．しかし，この式 (3.8) の右辺は磁気を発生する磁極は存在しないので 0 となっています．したがって，式 (3.8) から次のようになります．

$$\varPhi'_m = 0 \tag{3.14}$$

この式 (3.14) は，湧き出す磁束は 0，つまり磁束の湧き出すような磁荷は存在しないことを意味しています．なぜかといいますと，磁束（磁力線の束）は電流とかスピンの周りを循環していて，湧き出しているものではないので寄せ集めることはできないからです．

3.3 ガウスの定理とストークスの定理

前節に示した積分型の式は，微分型の式で表されるマクスウェル方程式を構成する式と同じものですが，このことは式を見ただけでは，すぐにはわかりません．だから，両者が同一であることを納得するには，積分型を微分型に変換してみて，これが同じであることを知る必要があります．この節ではこれを実行して，両者が一致することを示すことにします．

積分型の式を微分型の式に変換するには便利な道具があります．それはガウスの定理とストークスの定理という数学の定理です．少し横道にそれますが，この節でこれら二つの定理をまず説明することにします．積分型を微分型に変換するには是非ともこれらの定理についてよく理解しておく必要があるからです．

なぜこのことにこだわるかといいますと，微分型で表示されているマクスウェル方程式を納得して理解するには，微分型の式がどのようにして導かれるかも，元から知っておくほうがすっきりするからです．数学の話になるので，難しく思われる箇所や複雑な箇所はコラムに説明します．数学の苦手な人は，コラムは飛ばして読み進めても結構です．全体の理解には支障はないはずです．

3.3.1 ガウスの定理

ガウスの定理はベクトル場の発散に関する定理で，面積分と体積分の間の変換公式でもあります．ガウスの定理は次の式で表されます．

$$\int_S \boldsymbol{E}\cdot d\boldsymbol{S} = \int_v (\mathrm{div}\,\boldsymbol{E})dv \tag{3.15}$$

この定理は最初ラグランジュによって 1762 年に発見され，その後ガウスによって 1813 年に再発見されたものです．ここでは電場に関するガウスの法則を使ってガウスの定理を証明することにします．

ガウスの法則によりますと，電荷を含む閉曲面の表面から放出されるすべての電気力線（の密度）を集める（積分する）と，電荷の体積密度 ρ_v を閉曲面の囲む体積 v で積分したものを誘電率で割ったものになり，$\boldsymbol{E}\cdot d\boldsymbol{S}$ を $E_n dS$ と書くと次の式で表されます．

$$\int_S E_n dS = \frac{1}{\varepsilon}\int_v \rho_v dv \tag{3.16}$$

いま，図 3.1 に示すように，全電荷 Q（$= \int \rho_v dv$）が 3 次元の閉曲面 S の内部に存在しており，この閉曲面の内部にある微小な直方体を仮定し，この直方体の各側面を A 面，B 面，C 面，D 面，E 面，および F 面として，図に示すようにこれらの面で囲まれた閉曲面内には微小な電荷 q があるとします．だから，この微小な直方体の表面からも電気力線（電場 $\boldsymbol{E}$）が四方八方へ 3 次元に放出されています．ここではこの電場を寄せ集めると式 (3.16) が成り立つことを示します.

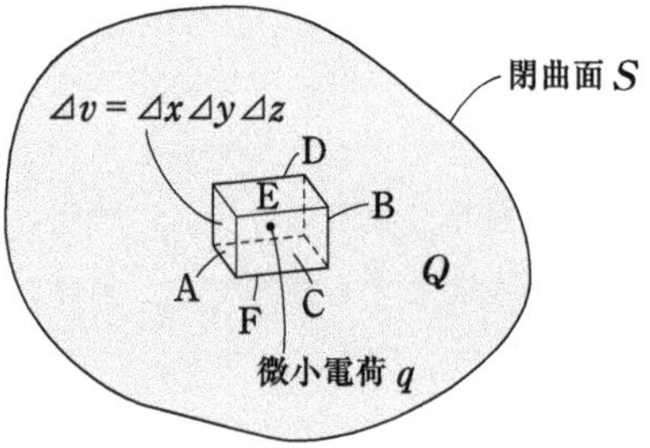

図 3.1 電荷（密度）を含む閉曲面

直方体から放出される電気力線（の密度），つまり電場 $\boldsymbol{E}$ の状況を詳しく見るために，図 3.1 に示した微小な直方体の拡大図を図 3.2 に示しました．図 3.2 に示した直方体は 3 辺が Δx，Δy，Δz で，体積 Δv は $\Delta x \Delta y \Delta z$ です．

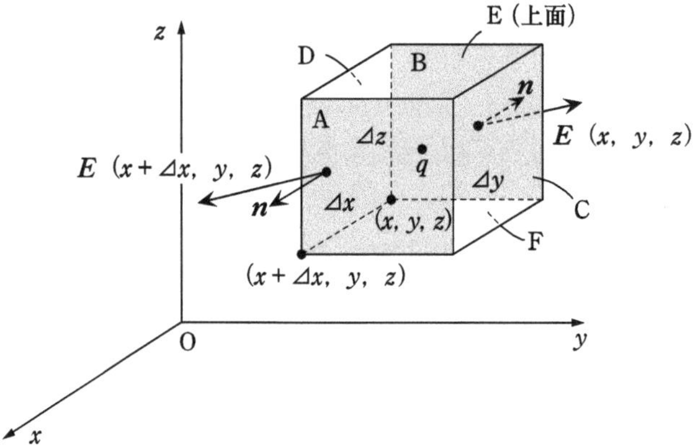

図 3.2 直方体から出る電気力線（電場 $\boldsymbol{E}$）

まず，図 3.2 の x 方向に放出される電場の成分 E_x は，A 面から x 方向に放出される電場と，この面の反対側の B 面から逆（$-x$）方向に放出される電場の和になります．B 面の座標を (x, y, z) とすると，A 面の座標は $(x + \Delta x, y, z)$ となるので，x 方向に放出される電場 ΔE_x は，次の式で表されます．

$$\Delta E_x = E_x(x + \Delta x, y, z) - E_x(x, y, z) \tag{3.17}$$

この式 (3.17) で表される電場成分の大きさ ΔE_x に，Δx 方向に垂直な微小な直方体の A 面の面積 $\Delta y \Delta z$ を掛けたものは，ガウスの法則の式 (3.16) に従って，A 面と B 面において放出される電場の大きさ E_x を，A，B 面の微小な面積 s_x で面積分したもの $\displaystyle\int_{s_x} E_n dS$ と等しくなるはずです．だから，次の式が成り立ちます．

$$\int_{s_x} E_n dS = \{E_x(x + \Delta x, y, z) - E_x(x, y, z)\}\Delta y \Delta z \tag{3.18a}$$

この式の右辺は，少し細工をすると次のように書けます．

$$\text{右辺} = \left(\frac{E_x(x + \Delta x, y, z) - E_x(x, y, z)}{\Delta x}\right) \times (\Delta x \Delta y \Delta z) \tag{3.18b}$$

この式 (3.18b) の右辺は Column 3-1 の式 (3C.2) を使うと，$\Delta x \Delta y \Delta z = \Delta v$ とおいて次のように書き換えることができます．

$$\text{右辺} = \frac{\partial E_x(x, y, z)}{\partial x} \times \Delta v \tag{3.18c}$$

同様に，y および z 方向に放出される電場 E_y と E_z に対しても，次の式が成り立ちます．

$$\int_{s_y} E_n dS = \frac{\partial E_y(x, y, z)}{\partial y} \times \Delta v \tag{3.18d}$$

$$\int_{s_z} E_n dS = \frac{\partial E_z(x, y, z)}{\partial z} \times \Delta v \tag{3.18e}$$

微小な直方体の側面の面積を加え合わせたものは，この面積を $S_{小}$ とすると $s_x + s_y + s_z = S_{小}$ となるので，これらの式 (3.18c, d, e) を辺々加えると，次の式が成り立ちます．

$$\int_{S_{小}} E_n dS = \left[\frac{\partial E_x(x,y,z)}{\partial x} + \frac{\partial E_y(x,y,z)}{\partial y} + \frac{\partial E_z(x,y,z)}{\partial z}\right] \times \Delta v \tag{3.19a}$$

$$\int_{S_{小}} E_n dS = (\mathrm{div}\,\boldsymbol{E}) \times \Delta v \tag{3.19b}$$

式 (3.19a) から式 (3.19b) への移行では，序章の第 I.1.2 節の div の次の定義式 (I.12) を使いました．

$$\mathrm{div}\,\boldsymbol{E} = \frac{\partial E_x}{\partial x} + \frac{\partial E_y}{\partial y} + \frac{\partial E_z}{\partial z}$$

次に，図 3.1 に示す 3 次元の閉曲面 S に含まれる全電荷 Q から放出される電場 $\boldsymbol{E}$（電気力線の密度）を計算しましょう．全電荷 Q から放出される電場 $\boldsymbol{E}$ は，図 3.1 の閉曲面 S に含まれる微小な直方体から放出される電場をすべて加え合わせればよいので，次の式で得られるはずです．

$$\sum \int_{S_{小}} E_n dS = \sum_i (\mathrm{div}\,\boldsymbol{E}_i) \times \Delta v \tag{3.20}$$

式 (3.20) の右辺は，和の $\sum\limits_i$ を 3 次元の閉曲面の体積分に書き直すと $\int_v (\mathrm{div}\,\boldsymbol{E}) dv$ となります．また，左辺については，このままでは計算できません．なぜなら，3 次元の閉曲面 S の面積分は，閉曲面 S に含まれるすべての微小な直方体の表面積 $S_{小}$ で面積分したものを加え合わせたものになるので，きわめて複雑になり計算式にまとめられそうにないからです．

しかし，よく考えてみると，3 次元の閉曲面 S とこれに含まれる多くの微小な直方体の各表面の関係は，例えば，図 3.1 にお よび図 3.2 に示した直方体の x-y 面で考えると図 3.3 に示すようになっています．図 3.3 の微小な各四角な面の側面は図 3.2 では E，D，F，C 面になりますが，これらの側面では相対する隣の側面との間で，図 3.3 に示すように，電場 $\boldsymbol{E}$ の放出される方向がお互いに逆方向になっています．ですから，内部の微小な直方体の側面から放出される電場の成分はすべて相殺されて 0 になります．y-z 面や z-x 面においても同様なことがいえます．

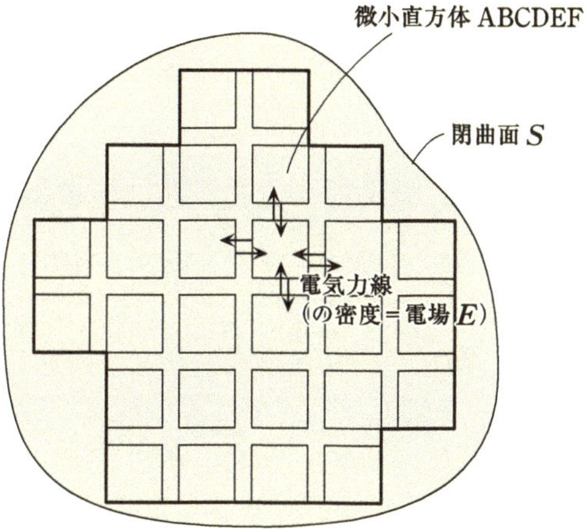

図 3.3 電荷を含む微小な直方体を囲む閉曲面

以上の結果，3 次元の閉曲面に含まれるすべての微小な直方体の表面について考えると，次のことがわかります．図 3.3 の太い実線で囲まれた一番外側に並ぶ，すべての直方体の側面では，相対する側表面がなくて，逆方向に放出される電場が存在しないので，この表面から放出される電場は相殺されません．そして，直方体を十分小さくして多くすれば，太実線で囲まれた周辺に位置する直方体の側表面の表面 S は，近似的に元の大きな 3 次元の閉曲面の表面 S に等しくなります．

そうすると，式 (3.20) の左辺の，各直方体の側表面から放出された各側面に垂直な電場の成分 E_n を各々の表面積 S で積分した和の $\sum \int_{S_{小}} E_n dS$ は，元の 3 次元の閉曲面の表面 S に垂直な電場 $\boldsymbol{E}$ の成分 E_n を 3 次元の閉曲面の表面積 S で面積分したものに等しくなりますので，式 (3.20) の左辺は $\int_S E_n dS$ となります．右辺は総和を積分に変えて $\int_v (\mathrm{div}\, \boldsymbol{E}) dv$ となるので，式 (3.20) より，$E_n dS$ を $\boldsymbol{E} \cdot d\boldsymbol{S}$ と書くと，次の最初に示したガウスの定理の式が得られます．

$$\int_S \boldsymbol{E} \cdot d\boldsymbol{S} = \int_v (\mathrm{div}\, \boldsymbol{E}) dv \qquad (3.15)\text{ の再掲}$$

これでガウスの定理の証明は終わりです.

Column 3-1 偏微分の定義・公式，これらを使った演算

関数 $f(x,y)$ の x による偏微分は，次の式で定義されます.

$$\frac{\partial f(x,y)}{\partial x}=\lim_{\Delta x\to 0}\left[\frac{f(x+\Delta x,y)-f(x,y)}{\Delta x}\right] \tag{3C.1}$$

この式 (3C.1) は $\lim_{\Delta x\to 0}$ を省略して，しばしば次の形で書かれます.

$$\frac{\partial f(x,y)}{\partial x}=\frac{f(x+\Delta x,y)-f(x,y)}{\Delta x} \tag{3C.2}$$

また，ここで，式 (3.22a) の右辺を A として，次のように置くことにします.

$$\begin{aligned}A&=Y_x(x,y)\Delta x+Y_y(x+\Delta x,y)\Delta y\\&\quad-Y_y(x,y)\Delta y-Y_x(x,y+\Delta y)\Delta x\end{aligned} \tag{3C.3}$$

そして，A を次のように書き直して B とおくことにします.

$$\begin{aligned}B&=[Y_x(x,y)-Y_x(x,y+\Delta y)]\Delta x+[Y_y(x+\Delta x,y)-Y_y(x,y)]\Delta y\\&=-\left[\frac{Y_x(x,y+\Delta y)-Y_x(x,y)}{\Delta y}\right]\Delta x\Delta y\\&\qquad+\left[\frac{Y_y(x+\Delta x,y)-Y_y(x,y)}{\Delta x}\right]\Delta x\Delta y\end{aligned}$$

ここで，上の式 (3C.2) を使うと，B は次のようになります.

$$B=\frac{\partial Y_y(x,y)}{\partial x}\Delta x\Delta y-\frac{\partial Y_x(x,y)}{\partial y}\Delta x\Delta y \tag{3C.4}$$

さらに $Y_y(x,y)$，$Y_x(x,y)$ を簡略にそれぞれ Y_y，Y_x と書くと，この式 (3C.4) は，次のように表すことができます.

$$B=\frac{\partial Y_y}{\partial x}\Delta x\Delta y-\frac{\partial Y_x}{\partial y}\Delta x\Delta y \tag{3C.5}$$

3.3.2 ストークスの定理

ストークスの定理は線積分を面積分に変換する定理です．ストークスの定理についてはマクスウェルの興味深い逸話が伝えられています．マクスウェルは，大学はケンブリッジで学んだのですが，まず，このときの数学の先生がストークスでした．そればかりではありません．この大学では卒業のときに優秀な学生は大学のビッグな賞のスミス賞に挑戦するのですが，スミス賞では難しい試験が課せられて受賞者が決定されます．

このときスミス賞の試験に出された試験問題の課題は（ストークス教授が出題した）ストークスの定理の証明だったのです．マクスウェルはこの証明をみごとに解いてスミス賞が授与されています．この課題を解いたことはマクスウェルにとっては貴重な経験になり，後にマクスウェル方程式を導くときに大いに役立ったといわれています．

さて，ストークスの定理の式は任意のベクトル $\boldsymbol{A}$ に対して，次のように表されます．

$$\oint_C \boldsymbol{A}\cdot d\boldsymbol{l} = \int_S (\mathrm{rot}\,\boldsymbol{A})\cdot \boldsymbol{n}dS \tag{3.21a}$$

しかし，ここでの証明では任意のベクトルとして $\boldsymbol{A}$ の代わりにベクトル $\boldsymbol{X}(x, y, z)$ を使うことにします．すると式 (3.21a) は次のようになります．

$$\oint_C \boldsymbol{X}(x, y, z)\cdot d\boldsymbol{l} = \int_S \mathrm{rot}\,\boldsymbol{X}(x, y, z)\cdot \boldsymbol{n}(x)dS \tag{3.21b}$$

ここで，$\boldsymbol{n}(x)$ は表面に垂直方向の方位ベクトルで，単位法線ベクトルと呼ばれています．

ストークスの定理の証明では，図 3.4 に示すような 3 次元空間の任意の面を考えます．しかし，3 次元空間の任意の面 S をそのままの形で使って，ストークスの定理を証明することは困難です．そこで，3 次元空間の面を x-y 軸，y-z 軸，および z-x 軸の各平面に投影した面について考えることにします．図 3.4 では x-y 平面に投影した面 S の面積は S_{xy} としています．

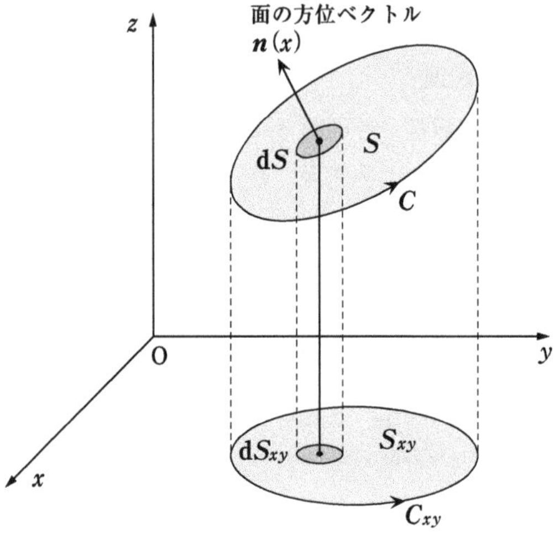

図 3.4 3 次元の曲面と x-y 2 次元平面への投影図

◆細分化した閉曲面を使って線積分を考える

ガウスの定理を証明したときのように，3 次元の曲面 S（面積が S なのでこのように呼ぶことにします）を微小な面積の長方形に細分化してその 1 個について考えることにします．そして，この長方形を x-y 2 次元平面に投影したものが，図 3.5 に示すような面 S' になったとしましょう．

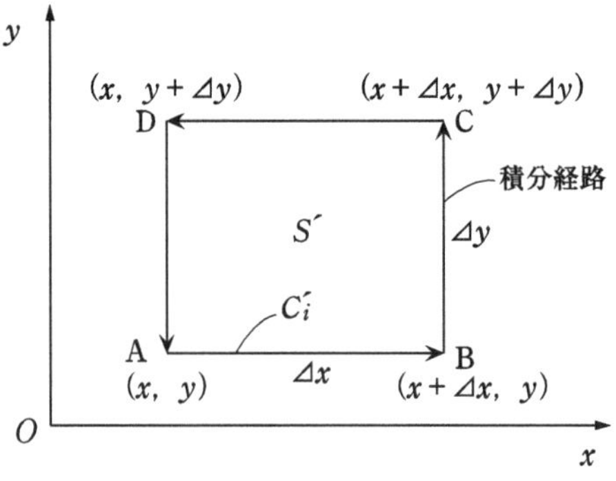

図 3.5 微細化した長方形 S' の境界での線積分とその方向

ここでは，3 次元ベクトル $\boldsymbol{X}(x,y,z)$ の代わりに 2 次元のベクトル $\boldsymbol{Y}(x,y)$ を使い，このベクトルの面 S' を囲む境界 C'_i での線積分を考えることにします．それには点 A，B，C，D の座標が必要ですので，これらをそれぞれ A(x,y)，B$(x+\Delta x,y)$，C$(x+\Delta x,y+\Delta y)$ および D$(x,y+\Delta y)$ とします．すると $\boldsymbol{Y}(x,y)$ の線積分は，Column 3-1 の式 (3C.3〜5) を参照して，次のようになります．

$$\begin{aligned}\oint_{C'_i}\boldsymbol{Y}(x,y)\cdot d\boldsymbol{l} &= Y_x(x,y)\Delta x + Y_y(x+\Delta x,y)\Delta y \\ &\qquad - Y_y(x,y)\Delta y - Y_x(x,y+\Delta y)\Delta x \qquad (3.22\text{a}) \\ &= -\frac{\partial Y_x}{\partial y}\Delta y\Delta x + \frac{\partial Y_y}{\partial x}\Delta x\Delta y \\ &= \left(\frac{\partial Y_y}{\partial x} - \frac{\partial Y_x}{\partial y}\right)\Delta x\Delta y \qquad (3.22\text{b})\end{aligned}$$

$$\therefore \quad \oint_{C'}\boldsymbol{Y}(x,y)\cdot d\boldsymbol{l} = \left(\frac{\partial Y_y}{\partial x} - \frac{\partial Y_x}{\partial y}\right)\Delta x\Delta y \qquad (3.22\text{c})$$

以上で求めた，細分化した平面を囲む境界 C'_i の 1 周にわたっての $\boldsymbol{Y}(x,y)$ の線積分をすべて加え合わせると，つまり i についての総和をとると，あとで説明しますように，x-y 面に投影した細分化前の閉曲線 C_{xy} 上の $\boldsymbol{Y}(x,y)$ の線積分に等しくなるので，式 (3.22c) を使って次の式が成り立ちます．

$$\oint_{C_{xy}}\boldsymbol{Y}(x,y)\cdot d\boldsymbol{l} = \sum_i \oint_{C'_i}\boldsymbol{Y}(x_i,y_i)\cdot d\boldsymbol{l}_i = \sum_i\left(\frac{\partial Y_y}{\partial x} - \frac{\partial Y_x}{\partial y}\right)\Delta x_i\Delta y_i \qquad (3.23)$$

そして，この式 (3.23) の右辺の後のほうの式はベクトル微分演算子 rot を使うと，括弧の中の $\dfrac{\partial Y_y}{\partial x} - \dfrac{\partial Y_x}{\partial y}$ は $\mathrm{rot}\,\boldsymbol{Y}$ の z 成分と見なせるので，次のように書けます．

$$\sum_i\left(\frac{\partial Y_y}{\partial x} - \frac{\partial Y_x}{\partial y}\right)\Delta x_i\Delta y_i = \sum_i\{\mathrm{rot}\,\boldsymbol{Y}(x_i,y_i)\}_z\Delta x_i\Delta y_i \qquad (3.24)$$

ここで $\Delta x_i\Delta y_i$ は面積になるので $\Delta x_i\Delta y_i = \Delta S_i$ とおくことにします．この式 (3.24) の右辺は $\{\mathrm{rot}\,\boldsymbol{Y}(x_i,y_i)\}_z$ に微小面積 ΔS_i を掛けたものの i についての総和なので，2 次元平面に投影した曲面 S_{xy} 上での $\{\mathrm{rot}\,\boldsymbol{Y}(x,y)\}_z$ の

面積分になり，次の式が成り立ちます．

$$\sum_i \{\mathrm{rot}\, Y(x_i, y_i)\}_z \Delta S_i = \int S_{xy}\{\mathrm{rot}\, \boldsymbol{Y}(x, y)\}_z dS \tag{3.25}$$

以上の議論に従って，式 (3.23) の最左辺の式とこの式 (3.25) の右辺を等しいとおいて，次の式が成り立つことがわかります．

$$\oint_{C_x y} \boldsymbol{Y}(x, y) \cdot d\boldsymbol{l} = \int_{S_{xy}} \{\mathrm{rot}\, \boldsymbol{Y}(x, y)\}_z dS \tag{3.26}$$

この式は 2 次元のストークスの定理です．3 次元のストークスの定理については，証明が複雑で難解な面もありますので省略することにします．

ところで，式 (3.23) では，最左辺の式と真ん中の式が等しいとして次の式

$$\oint_{C_{xy}} \boldsymbol{Y}(x, y) \cdot d\boldsymbol{l} = \sum_i \oint_{C_i'} \boldsymbol{Y}(x_i, y_i) \cdot d\boldsymbol{l}_i \tag{3.27}$$

が成り立つとしましたが，このことはまだ証明していません．

◆曲面 S_{xy} を細分化したすべての微小な平面の境界での線積分の和は 0 になる

まず懸案の式 (3.27) の関係の証明ですが，結論としては，この関係は成立します．なぜかといいますと，微細化した平面の境界 C_i' 上の線積分に関しては，ガウスの定理を証明したときと同様に，微細化した平面 S_i' の隣り合わせの境界 C_i' では，線積分の方向が互いに逆向きになり，その部分の線積分は相殺され，隣り合う相手のない周辺上の線積分が残るだけだからです．

すなわち，図 3.4 に示す x-y 面に投影した曲面 S_{xy} を多数の微小な長方形に細分化すると図 3.6 に示すようになります（ここでは四角な面で描いています）．細分化した各微小な平面の境界は線で描くべきですが，この図では隣接する境界 C_i' での線積分の方向とその重なりを説明するために，各境界に幅を持たせて描いています．

線積分の方向は図 3.5 に示したように左回りにとりますが，隣り合わせの二つの平面の境界 $C_i\prime$ での線積分の方向は図 3.6 に示すように逆方向になります．したがって，この箇所での線積分は相殺されます．このことは内部のすべての微細な平面の境界での線積分についていえることです．この結果，

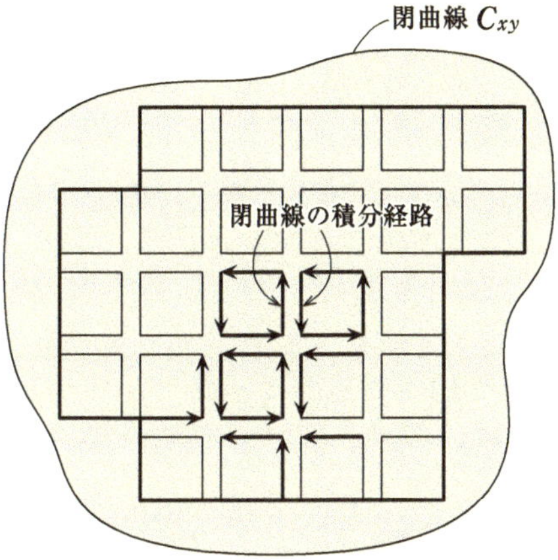

図 3.6 閉曲線の細分化と線積分の積分経路

図 3.6 に示す内部の細分化したすべての平面の境界 C_i' での線積分は相殺され，内部の微細な平面の境界での線積分はすべてなくなります．

しかし，細分化した平面の中で周辺に並ぶものについては事情が異なっています．すなわち，図 3.6 に示すように周辺に並ぶ微小な平面の外側の境界上の線積分については，反対向きの線積分が存在しないので相殺されることはありません．周辺に並ぶ微小な平面の境界を連ねると太実線で示す周辺境界になりますので，この周辺境界上の線積分だけは相殺されないで残ることになります．

以上の結果，微小な平面の周りを囲むすべての境界 C_i' で線積分した結果は，周辺境界上の線積分だけになります．図 3.6 では太実線で示す周辺境界は角張った形になっていますが，細分化を多くし微小な平面を十分小さくすれば，これはなめらかな曲線に近似でき，細分化する前の曲面 S_{xy} を囲む閉曲線ループ C_{xy} と同じになります．

結論として図 3.6 に示す細分化したすべての微小な平面の境界での線積分は，周辺を 1 周する閉曲線ループ C_{xy} 上の線積分になります．だから，微小な平面を囲む各境界 C_i' で $\boldsymbol{Y}(x, y)$ を線積分したもののすべての和である式 (3.27) の右辺は，この式の左辺の閉曲線ループ C_{xy} 上の $\boldsymbol{Y}(x, y)$ の線積分に等しくなります．つまり，式 (3.27) の関係が成り立ちます．

以上の結果，先に示したように式 (3.26) で表される2次元のストークスの定理が成り立つことが示されたことになります．証明は省略しますが，2次元のストークスの定理を3次元に拡張すれば，次の3次元のストークスの定理が成立します．

$$\oint_C \boldsymbol{X}(x,y,z)\cdot d\boldsymbol{l} = \int_S \mathrm{rot}\,\boldsymbol{X}(x,y,z)\cdot \boldsymbol{n}(x)dS \tag{3.28}$$

この式 (3.28) は最初に示したストークスの定理の式 (3.21b) と同じです．

3.3.3 マクスウェル方程式の積分型から微分型への変換

前項までの説明で，ベクトル演算子を使った積分型と微分型の式の間の相互変換に関する公式，すなわち，ガウスの定理とストークスの定理の式の解説は終わりました．したがって，マクスウェル方程式を積分型から微分型へ変換する準備は完了したことになります．そこで，この項ではマクスウェル方程式を積分型から微分型に変換する方法を実際に示すことにします．

マクスウェル方程式の積分型の式は，第3.2節の式 (3.5〜8) に示しましたが，この項で微分型への変換を実行する式を，ここに改めて式番号を変更して，次に書いておくことにします．

$$\oint_c \boldsymbol{H}\cdot d\boldsymbol{l} = \int_s \left(\boldsymbol{i} + \frac{\partial \boldsymbol{D}}{\partial t}\right)\cdot d\boldsymbol{S} \tag{3.29}$$

$$\oint_c \boldsymbol{E}\cdot d\boldsymbol{l} = \int_s \left(-\frac{\partial \boldsymbol{B}}{\partial t}\right)\cdot d\boldsymbol{S} \tag{3.30}$$

$$\int_s \boldsymbol{D}\cdot d\boldsymbol{S} = \int_v \rho_v dv \tag{3.31}$$

$$\int_s \boldsymbol{B}\cdot d\boldsymbol{S} = 0 \tag{3.32}$$

まず，式 (3.29) のアンペール－マクスウェルの式の積分型から微分型への変換から始めましょう．この式は左辺が線積分で，右辺が面積分なのでストークスの定理が使えます．ストークスの定理をこの式 (3.29) の左辺に適用すると，式 (3.29) の左辺は次のようになります．

$$\oint_c \boldsymbol{H} \cdot d\boldsymbol{l} = \int_s (\mathrm{rot}\, \boldsymbol{H}) \cdot d\boldsymbol{S} \tag{3.33}$$

この式 (3.33) の右辺は，式 (3.29) の右辺に等しいので，次の式が成り立ちます．

$$\int_s (\mathrm{rot}\, \boldsymbol{H}) \cdot d\boldsymbol{S} = \int_s \left(\boldsymbol{i} + \frac{\partial \boldsymbol{D}}{\partial t} \right) \cdot d\boldsymbol{S} \tag{3.34}$$

この式 (3.34) が常に成立するためには，この式 (3.34) の両辺の被積分項同士が等しくなければならないので，次の式が成立します．

$$\mathrm{rot}\, \boldsymbol{H} = \boldsymbol{i} + \frac{\partial \boldsymbol{D}}{\partial t} \ [\mathrm{A/m^2}] \tag{3.35}$$

得られた式 (3.35) はアンペール－マクスウェルの法則の式の微分型の式になっています．

次に，式 (3.30) のファラデーの電磁誘導の法則の式も，左辺が線積分で右辺が面積分ですのでストークスの定理が使えます．まず，左辺にストークスの定理を適用すると，線積分は面積分になって次のようになります．

$$\oint_C \boldsymbol{E} \cdot d\boldsymbol{l} = \int_S (\mathrm{rot}\, \boldsymbol{E}) \cdot d\boldsymbol{S} \ [\mathrm{V}] \tag{3.36}$$

この式 (3.36) の右辺は式 (3.30) の右辺と等しいので次の等式が成り立ちます．

$$\int_S (\mathrm{rot}\, \boldsymbol{E}) \cdot d\boldsymbol{S} = \int_s \left(-\frac{\partial \boldsymbol{B}}{\partial t} \right) \cdot d\boldsymbol{S} \ [\mathrm{V}] \tag{3.37}$$

この式 (3.37) も被積分項同士が等しくなければならないので，次の式が成り立ちます．

$$\mathrm{rot}\, \boldsymbol{E} = -\frac{\partial \boldsymbol{B}}{\partial t} \ [\mathrm{V/m^2}] \tag{3.38}$$

この式 (3.38) はファラデーの電磁誘導の法則の微分型の式です．

次の式 (3.31) は電場に関するガウスの法則の式ですが，この式では電束密度 $\boldsymbol{D}$ が使われているので，この式は電束密度または電束に関するガウスの法則ともいえます．

さて，式 (3.31) は左辺が面積分で，右辺は体積分なのでガウスの定理が使えます．式 (3.31) の左辺に式 (3.15) に示すガウスの定理を適用すると，$\boldsymbol{E} = \varepsilon \boldsymbol{D}$ ですので次のようになります．

$$\int_s \boldsymbol{D} \cdot d\boldsymbol{S} = \int_v (\mathrm{div}\, \boldsymbol{D}) dv \ [\mathrm{C}] \tag{3.39}$$

この式 (3.39) の右辺は，式 (3.31) の右辺と等しいので，次のようになります．

$$\int_v (\mathrm{div}\, \boldsymbol{D}) dv \ [\mathrm{C}] = \int_v \rho_v dv \ [\mathrm{C}] \tag{3.40}$$

この式 (3.40) においても被積分項同士は等しくなければならないので，次の式が成り立ちます．

$$\mathrm{div}\, \boldsymbol{D} = \rho_v \ [\mathrm{C/m^2}] \tag{3.41}$$

この式 (3.41) は微分型の電束密度 $\boldsymbol{D}$（電場）に関するガウスの法則です．

なお，電束密度 $\boldsymbol{D}$ と電場 $\boldsymbol{E}$ の間には $\boldsymbol{D} = \varepsilon \boldsymbol{E}$ の関係が成り立つので，式 (3.40) にこの関係を適用すると，次のようになります．

$$\int_v (\mathrm{div}\, \varepsilon \boldsymbol{E}) dv = \int_v \rho_v dv \ [\mathrm{C}] \tag{3.42}$$

この式においても，左右の被積分項は等しくならなくてはならないので，次の関係が成り立ちます．

$$\mathrm{div}\, \varepsilon \boldsymbol{E} = \rho_v \ [\mathrm{C/m^2}] \tag{3.43a}$$

$$\therefore \quad \mathrm{div}\, \boldsymbol{E} = \frac{1}{\varepsilon} \rho_v \ [\mathrm{V/m}] \tag{3.43b}$$

こうして，電場に関するガウスの法則の微分型の式が得られます．

最後に，式 (3.32) の磁場に関する積分型のガウスの法則の式に移りましょう．ここでは磁束密度 $\boldsymbol{B}$ が使われていますが，磁束密度 $\boldsymbol{B}$ は磁場と呼ばれることもあります．それはともかくとして，この式も式 (3.32) の左辺は面積分の式ですので，ガウスの定理を適用すると，この式は次のようになります．

$$\int_s \boldsymbol{B}\cdot d\boldsymbol{S} = \int_v (\mathrm{div}\,\boldsymbol{B})dv\ [\mathrm{Wb}] \tag{3.44}$$

この式 (3.44) の右辺は式 (3.32) の右辺と等しいので，次のように 0 になります．

$$\int_v (\mathrm{div}\,\boldsymbol{B})dv\ [\mathrm{Wb}] = 0 \tag{3.45}$$

この式 (3.45) が常に成り立つためには，左辺の被積分項は 0 でなくてはならないので，次の式が成り立ちます．

$$\mathrm{div}\,\boldsymbol{B} = 0\ [\mathrm{Wb/m^2}] \tag{3.46}$$

この式 (3.46) は，磁束密度 $\boldsymbol{B}$（したがって磁束）の湧き出しがないことを表していて，磁場に関するガウスの法則の微分型になっています．

また，磁束密度 $\boldsymbol{B}$ と磁場 $\boldsymbol{H}$ の間には，透磁率 μ を通して $\boldsymbol{B} = \mu\boldsymbol{H}$ の関係があるので，この関係を式 (3.45) に代入すると，次の関係式が得られます．

$$\int_v (\mathrm{div}\,\mu\boldsymbol{H})dv\ [\mathrm{Wb}] = 0 \tag{3.47a}$$

したがって，被積分項を 0 とおくと，μ は定数なので div の前に出して，次の式

$$\mu\,\mathrm{div}\,\boldsymbol{H}\ [\mathrm{Wb}] = 0 \tag{3.47b}$$

が得られ，透磁率 μ は 0 にはなりませんので，次の式が得られます．

$$\mathrm{div}\,\boldsymbol{H}\ [\mathrm{Wb/m^2}] = 0 \tag{3.47c}$$

この式 (3.47c) は，磁場（磁力線の密度）$\boldsymbol{H}$ の湧き出しがないことを表す，磁場に関するガウスの法則の微分型の式になっています．

演習問題 Problems

問 3-1 マクスウェル方程式の積分型の式 (3.5)，式 (3.6)，式 (3.7a)，および式 (3.8) について，これらの式の表す物理的な意味を，積分の式に即して説明せよ．

問 3-2 本文の第 3.3.2 項のストークスの定理の証明に関して，式 (3.22a) の線積分の値が右辺の式で表される理由を説明せよ．

問 3-3 式 (3.3a) の電場に関するガウスの法則の式では $\operatorname{div}\boldsymbol{D}=\rho$ となり，$\operatorname{div}\boldsymbol{D}$ が有限の値をとるのに対して，式 (3.4) の磁場に関するガウスの法則では $\operatorname{div}\boldsymbol{B}=0$ となって，$\operatorname{div}\boldsymbol{B}$ の値が消えている．この理由を簡単にいうとどういうことになるか？

問 3-4 磁束密度 $\boldsymbol{B}$ は，あるベクトル $\boldsymbol{A}$ を使って，$\boldsymbol{B}=\operatorname{rot}\boldsymbol{A}$ で表されることが知られている．この条件で $\operatorname{div}\boldsymbol{B}$ の値を計算せよ．ただし，$\operatorname{div}\boldsymbol{A}$ は $\nabla\cdot\boldsymbol{A}$ で表され，ベクトル $\boldsymbol{A}$ は $\boldsymbol{A}=A_x\boldsymbol{i}+A_y\boldsymbol{j}+A_z\boldsymbol{k}$ で表されるとせよ．また，$\nabla=\dfrac{\partial}{\partial x}\boldsymbol{i}+\dfrac{\partial}{\partial y}\boldsymbol{j}+\dfrac{\partial}{\partial z}\boldsymbol{k}$ である．

解答 Solutions

答 3-1 式 (3.5) はアンペール－マクスウェルの法則の式であるが，右辺の積分を実行すると，この式は次のようになる．

$$\oint_c \boldsymbol{H}\cdot d\boldsymbol{l}=I+\frac{\partial \Phi_e}{\partial t}$$

なぜなら，電流密度 i は断面積について積分すると電流 I になるし，電束密度 $\boldsymbol{D}$ を断面積について積分すると電束 Φ_e になるからである．左辺は，電流 I と電束 Φ_e の時間変化 $\dfrac{\partial \Phi_e}{\partial t}$ とを含む電流成分の和の周りを囲む閉曲線を考えると，閉曲線に発生する磁束の密度（つまり磁場 $\boldsymbol{H}$）を積分したものである．

だから，電流 I と電束 Φ_e の時間変化 $\dfrac{\partial \Phi_e}{\partial t}$ によって発生する磁束 Φ_m の密度（つまり磁場 $\boldsymbol{H}$）を，閉曲線に沿って積分したものは，逆に電流 I と電束 Φ_e の時間変化 $\dfrac{\partial \Phi_e}{\partial t}$ という，二つの電流項の和になるという意味である．

また，式 (3.6) はファラデーの電磁誘導の法則の式であるが，右辺の積分を実行すると磁束密度 $\boldsymbol{B}$ の面積 S による積分は磁束 Φ_m になるので，右辺は $-\dfrac{\partial \Phi_m}{\partial t}$ となり，式 (3.6) は次の式で表される．

$$\oint_c \boldsymbol{E}\cdot d\boldsymbol{l}=-\frac{\partial \Phi_m}{\partial t}$$

そして，この式の左辺は，電場 $\boldsymbol{E}$ を閉曲線の 1 周にわたって積分したものである．これは起電力 E_e になるので，この式は磁束 Φ_m が時間変化すると起電力が発生することを表している．そして，閉曲線が導線なら，導線には抵抗 R が存在するので発生した起電力 E_e によって電流が流れる．すなわち，磁束 Φ_m の時間変化によって電流が誘導されることを示しており，この式は電磁誘導の法則の内容を表している．

式 (3.7a, b) は電場 $\boldsymbol{E}$（または電束密度 $\boldsymbol{D}$）に関するガウスの法則を表しているが，右辺は ρ_v の積分を実行すると，ρ_v は電荷密度なので，積分したものは閉曲面内に含まれる電荷 Q になり，次の式が成り立つ．

$$\int_s \boldsymbol{D} \cdot d\boldsymbol{S} = Q$$

左辺は閉曲面の表面で電束密度 $\boldsymbol{D}$（すなわち，電束の密度）を集めたものである．電束は電気力線の束だから，結局左辺を積分した値は電荷 Q から出る電気力線をすべて集めたものになっている．したがって，この式は電荷 Q から出る電気力線をすべて集めると逆に，これは電荷 Q になることを表している．これは電束密度に関するガウスの法則を説明している．

最後の式 (3.8) は磁場に関するガウスの法則を表しているが，式 (3.8) の左辺は閉曲面内のすべての磁束密度（磁力線）を集めたものになる．しかし，これが 0 になっているので磁力線を集めることはできないことを表している．また，右辺は，式 (3.7a) の電場に関するガウスの法則のように，式の右辺に電荷 Q に相当するものが存在すれば 0 にならないはずである．しかし，磁場には点磁荷は存在しないので磁荷の密度も存在しないのである．これらのことはすべて，磁場に関するガウスの法則の内容を表している．

答 3-2 図 3.5 の閉曲線ループ C_i' の各点は A，B，C，D だが，AB，BC，CD，および DA 間の線積分は，それぞれ次のようになる．

$$\int_{\mathrm{A}}^{\mathrm{B}} \boldsymbol{Y}(x,y) \cdot d\boldsymbol{l} = Y_x(x,y)\Delta x$$

$$\int_{\mathrm{B}}^{\mathrm{C}} \boldsymbol{Y}(x,y) \cdot d\boldsymbol{l} = Y_y(x+\Delta x,y)\Delta y$$

$$\int_{\mathrm{C}}^{\mathrm{D}} \boldsymbol{Y}(x,y) \cdot d\boldsymbol{l} = -Y_x(x,y+\Delta y)\Delta x$$

$$\int_{\mathrm{D}}^{\mathrm{A}} \boldsymbol{Y}(x,y) \cdot d\boldsymbol{l} = -Y_y(x,y)\Delta y$$

これら 4 個の式に関して辺々加えると，左辺は式 (3.22a) の左辺になり，右辺を加えた結果は式 (3.22a) の右辺になるので，式 (3.22a) が成り立つことがわかる．

答 3-3 電束密度 $\boldsymbol{D}$（または電場 $\boldsymbol{E}$）に関するガウスの法則の (3.3a) では，電荷

Q が存在するので電荷密度 ρ_v は 0 でない．これとは異なり，磁気ではこの電荷密度 ρ_v に対応するもの（磁荷密度）が存在しないので，式 (3.4) の右辺は 0 になっている．これは磁気には電気の電荷 Q に対応する磁荷が存在しないことを表している．

答 3-4 題意の磁束密度 $\boldsymbol{B} = \mathrm{rot}\,\boldsymbol{A}$ の関係とナブラ ∇ を使うと，$\mathrm{div}\,\boldsymbol{B}$ の演算は次のようになる．まず，$\mathrm{rot}\,\boldsymbol{A}$ は序章の式 (I.13a) に従って，次のようになる．

$$\mathrm{rot}\,\boldsymbol{A} = \left(\frac{\partial A_z}{\partial y} - \frac{\partial A_y}{\partial z}\right)\boldsymbol{i} + \left(\frac{\partial A_x}{\partial z} - \frac{\partial A_z}{\partial x}\right)\boldsymbol{j} + \left(\frac{\partial A_y}{\partial x} - \frac{\partial A_x}{\partial y}\right)\boldsymbol{k}$$

したがって，$\mathrm{div}\,\boldsymbol{B}$ は $\mathrm{div}\,\mathrm{rot}\,\boldsymbol{A}$ となり，$\mathrm{div}\,\mathrm{rot}\,\boldsymbol{A}$ は次のようになる．

$$\begin{aligned}
\mathrm{div}\,\mathrm{rot}\,\boldsymbol{A} &= \nabla \cdot \mathrm{rot}\,\boldsymbol{A} \\
&= \left(\frac{\partial}{\partial x}\boldsymbol{i} + \frac{\partial}{\partial y}\boldsymbol{j} + \frac{\partial}{\partial z}\boldsymbol{k}\right) \\
&\quad \cdot \left[\left(\frac{\partial A_z}{\partial y} - \frac{\partial A_y}{\partial z}\right)\boldsymbol{i} + \left(\frac{\partial A_x}{\partial z} - \frac{\partial A_z}{\partial x}\right)\boldsymbol{j} + \left(\frac{\partial A_y}{\partial x} - \frac{\partial A_x}{\partial y}\right)\boldsymbol{k}\right] \\
&= \left(\frac{\partial^2 A_z}{\partial y \partial x} - \frac{\partial^2 A_y}{\partial z \partial x}\right) + \left(\frac{\partial^2 A_x}{\partial z \partial y} - \frac{\partial^2 A_z}{\partial x \partial y}\right) + \left(\frac{\partial^2 A_y}{\partial x \partial z} - \frac{\partial^2 A_x}{\partial y \partial z}\right) \\
&= \left(\frac{\partial^2}{\partial z \partial y} - \frac{\partial^2}{\partial y \partial z}\right) A_x + \left(\frac{\partial^2}{\partial x \partial z} - \frac{\partial^2}{\partial z \partial x}\right) A_y \\
&\quad + \left(\frac{\partial^2}{\partial y \partial x} - \frac{\partial^2}{\partial x \partial y}\right) A_z \\
&= 0
\end{aligned}$$

つまり，$\mathrm{div}\,\mathrm{rot}\,\boldsymbol{A} = 0$ が成り立つ．

最後の 2 階偏微分の式においては，例えば $\dfrac{\partial^2}{\partial z \partial y}$ と $\dfrac{\partial^2}{\partial y \partial z}$ では z と y の偏微分の順序が逆になっているが，この両者は等しいので，係数に相当する部分がすべて 0 になる．したがって，A_x，A_y，A_z の各項はすべて 0 になる．

郵 便 は が き

料金受取人払郵便

小石川局承認

1508

差出有効期間
平成28年4月
19日まで

1 1 2-8 7 3 1

〈受取人〉
東京都(小石川局区内)
文京区音羽2の12の21

講 談 社
サイエンティフィク行

ご住所 □□□-□□□□

お名前
(ふりがな)

年齢( )歳
性別 男・女

ご職業(○をつけて下さい) 1 大学院生 2 大学生 3 短大生 4 高校生 5 各種学校生 6 教職員(小、中、高、大、他) 7 公務員(事務系) 8 公務員(技術系) 9 会社員(事務系) 10 会社員(技術系) 11 医師 12 薬剤師 13 看護師 14 その他医療関係者 15 栄養士 16 その他( )

勤務先または学校名

ご出身校・ご専攻

TY 000023-1404

講談社サイエンティフィク http://www.kspub.co.jp/

愛読者カード

上記ホームページで、出版案内がご覧いただけます。

ご購読ありがとうございます。皆様のご意見を今後の企画の参考や宣伝に利用させていただきたいと存じます。ご記入のうえご投函くださいますようお願いいたします（切手は不要です）。

お買い上げいただいた書籍の題名

■本書についてのご意見・ご感想■

■本書を知った理由（○をおつけ下さい）■

書店実物、新聞広告（新聞名　　　　　）、雑誌広告（誌名　　　　　）

刊行案内、インターネット（サイト名　　　　　）

書評、人に聞いて、その他（　　　　　）

■ご購入目的（○をおつけ下さい）■

教科書、参考書、研究、部課備付用、図書館用、その他（　　　　　）

■今後とりあげてほしいテーマがありましたらお知らせ下さい■

■自然科学の分野で最近ご購入の書籍と著者名をおあげ下さい■

■ご購読の専門誌・新聞名■

■お買い上げ書店名■　　　市　　　町　　　書店

■小社カタログの送付を　□希望する　□希望しない

第4章

体系的な式としてのマクスウェル方程式

マクスウェル方程式は単に電磁気学の4個の基本法則の式を寄せ集めたものではなく，電磁気学の体系的な基本方程式になっています．この章では，このことを明確に示すために，まずマクスウェル方程式から波動方程式を導き，この波動方程式から電磁波が生まれることを説明します．次に，新しく「電磁ポテンシャル」というものを導入して，マクスウェル方程式を書き換えます．電磁ポテンシャルを用いると，電磁場を求める上で見通しのよい，体系的な方程式が導かれます．この方程式は，電磁場の波動方程式と同じような形で書かれた式となります．この方程式を解くことによって，電場と磁場を一義的に決められることを説明します．

MAXWELL'S EQUATIONS CHAPTER 04

4.1 マクスウェル方程式から導かれる波動方程式と電磁波

4.1.1 電磁波誕生の必然性

◆電気力線や磁力線は電荷や電流がなくても発生する！

ファラデーは電気力線や磁力線などの力線を考察して，電気力などの電磁気現象が，従来信じられていた遠隔作用ではなく近接作用によって伝わると考えました．すなわち，これらの力線によって（自由）空間に電磁気的なゆがみが生じ，その電磁気的なゆがみから電気の場（フィールド，field）や磁気の場ができると考えました，そして，マクスウェルはこの考えを発展させて，電気の場を電場，磁気の場を磁場と命名して理論を組み立てたのでした．だから，当初は，電場は電荷から放出される電気力線によって生まれるものであり，磁場は電流から放出される磁力線によって生じるものでした．したがって，電場や磁場が発生するには物質的な存在物の電荷や電流が必要不可欠でした．

しかし，マクスウェルの創り上げた理論式のマクスウェル方程式では，序章でも触れましたし，このあと示すように，電場や磁場の発生に必ずしも電荷や電流の存在は必要でなくなるのです．だから，電場や磁場の概念はファラデーが当初提案した電場や磁場の概念と変質してきたといえます．では，どのように変質したのでしょうか？　それを見てみましょう．

マクスウェルが新しく変位電流を導入して作り上げたマクスウェル方程式では，電場 $\boldsymbol{E}$ や磁場 $\boldsymbol{H}$ の時間変化が重要ですので，これらの座標を位置座標だけの $\boldsymbol{x}$（詳しくは (x, y, z) ですが慣例に従い $\boldsymbol{x}$ を使用）だけでなくて，時間座標 t を加えて $(\boldsymbol{x}, t)$ とすることにします．そして自由空間では電荷（ここでは電荷密度 ρ を使いますが）も，電流（ここでは電流密度 $\boldsymbol{i}$）も存在しないとします．なお，ここでは自由空間として真空の空間を考えます．

すると，第3章で示したマクスウェル方程式の式 (3.1)，(3.2)，(3.3a)，および (3.4) は，次の式になります．

$$\mathrm{rot}\,\boldsymbol{H}(\boldsymbol{x}, t) - \frac{\partial \boldsymbol{D}(\boldsymbol{x}, t)}{\partial t} = \boldsymbol{0} \tag{4.1}$$

$$\mathrm{rot}\,\boldsymbol{E}(\boldsymbol{x},t)+\frac{\partial \boldsymbol{B}(\boldsymbol{x},t)}{\partial t}=\boldsymbol{0} \tag{4.2}$$

$$\mathrm{div}\,\boldsymbol{D}(\boldsymbol{x},t)=0 \tag{4.3}$$

$$\mathrm{div}\,\boldsymbol{B}(\boldsymbol{x},t)=0 \tag{4.4}$$

ここで，次の関係はもちろん成り立ちます．

$$\boldsymbol{D}(\boldsymbol{x},t)=\varepsilon_0\boldsymbol{E}(\boldsymbol{x},t),\quad \boldsymbol{B}(\boldsymbol{x},t)=\mu_0\boldsymbol{H}(\boldsymbol{x},t) \tag{4.5}$$

このマクスウェル方程式は，電荷密度の ρ と電流密度の $\boldsymbol{i}$ が欠けていることもあって，電場と磁場の関係の様相が第 3 章で示した場合とはかなり変わってきています．すなわち，式 (4.2) を見ると，電場 $\boldsymbol{E}(\boldsymbol{x},t)$ は磁場（ここでは磁束密度 $\boldsymbol{B}$）の時間変化によって生まれています．つまり，電場 $\boldsymbol{E}$ の発生の源は磁場の時間変化になっています．一方，式 (4.1) を見ると磁場 $\boldsymbol{H}(\boldsymbol{x},t)$ は電場（ここでは電束密度 $\boldsymbol{D}$）の時間変化によって生まれ，電場の変化が発生源になっています．なお，式 (4.5) の関係があるので，ここでは電束密度 $\boldsymbol{D}$ を電場 $\boldsymbol{E}$ と見なして議論してもよいのです．

だから，ファラデーが当初考えた電荷 Q から近接作用によって電場 $\boldsymbol{E}$ が生まれ，同じく電流 $\boldsymbol{i}$ から磁場 $\boldsymbol{H}$ が生まれるということとは様相が相当に異なっているのです．電場は電荷から独立して独り歩きしていますし，磁場は電流から独立して独り歩きしているのです．このように電場と磁場の発生がファラデーの当初考えたものと様変わりした最大の原因は，マクスウェルが新しく導入した変位電流に起因しています．変位電流 $\dfrac{\partial \boldsymbol{D}(\boldsymbol{x},t)}{\partial t}$ が存在しなければ，電流が存在しない限り磁場 $\boldsymbol{H}$ は存在できないからです．

◆電磁波は自由空間のマクスウェル方程式から必然的に生まれた！

こうして独り立ちした電場 $\boldsymbol{E}$ や磁場 $\boldsymbol{H}$ を規定する法則は，式 (4.1〜5) に示す時間変化がある場合の，自由空間のマクスウェル方程式ということになります．そして，このマクスウェル方程式から波動方程式が生まれ，この波動方程式を解くことによって，このあと示すように電磁波が導かれるのです．しかし，電磁波の存在を知っている現在の私たちの立場で見ると，式 (4.1〜5) に示したマクスウェル方程式から電場が磁場の時間変化で生まれ，磁場が電場の時間変化で生まれるのですから，電磁波が生まれることには必然性があったといえます．

というのは，電磁波は電気の波と磁気の波で構成されていますが，電気の波は磁場の振動（時間変化）によって生まれ，こうして生まれた電気の波の電場が振動して磁場が生まれて，この磁場の振動が磁気の波になっています．そして，この電場から磁場（の波）が生まれ，磁場から電場（の波）が生まれる現象がサイクリックに起こって，電磁波が進行・伝搬することによって成り立っているのが，私たちが日ごろ経験している電磁波だからです．

なお，ここでは説明上，磁場と電場の発生に時間差があるように記述しましたが，実際にはこれらの現象は同時に起こっています．

4.1.2 波動方程式を導く

◆自由空間のマクスウェル方程式から電場 E と磁場 B の偏微分方程式を導く

この節では，式 (4.1〜4) から電荷も電流も存在しない自由空間のマクスウェル方程式を使って（電磁波の）波動方程式を導くことにします．まず，演算の都合上，式 (4.1) の磁場 $\boldsymbol{H}$ と電束密度 $\boldsymbol{D}$ を式 (4.5) の関係を使って，次のように，それぞれ磁束密度 $\boldsymbol{B}$ と電場 $\boldsymbol{E}$ に書き換えます．ここでは煩雑さを避けるために座標の $(\boldsymbol{x}, t)$ は省略することにしますと，式 (4.1) は次のように書き換えることができます．

$$\frac{1}{\mu_0}\operatorname{rot}\boldsymbol{B} - \varepsilon_0\frac{\partial \boldsymbol{E}}{\partial t} = \boldsymbol{0}$$

$$\therefore\quad \operatorname{rot}\boldsymbol{B} - \varepsilon_0\mu_0\frac{\partial \boldsymbol{E}}{\partial t} = \boldsymbol{0} \tag{4.6}$$

次に，式 (4.2) について両辺の回転（rot）をとると，次のようになります．

$$\operatorname{rot}\operatorname{rot}\boldsymbol{E} + \frac{\partial}{\partial t}\operatorname{rot}\boldsymbol{B} = \boldsymbol{0} \tag{4.7}$$

ここで，次のベクトル演算の公式

$$\operatorname{rot}\operatorname{rot}\boldsymbol{E} = \operatorname{grad}\operatorname{div}\boldsymbol{E} - \Delta\boldsymbol{E} \tag{4.8}$$

を使い，かつ，式 (4.3) の $\operatorname{div}\boldsymbol{D} = 0$ の関係を使うと，式 (4.5) の関係式から $\operatorname{div}\boldsymbol{E}$ も 0 になるので，結局，式 (4.8) は $\operatorname{rot}\operatorname{rot}\boldsymbol{E} = -\Delta\boldsymbol{E}$ となります．

また，式 (4.6) から $\mathrm{rot}\,\boldsymbol{B}$ $\left(=\varepsilon_0\mu_0\dfrac{\partial \boldsymbol{E}}{\partial t}\right)$ を求め，これを式 (4.7) に代入すると，式 (4.7) は次のようになります．

$$\mathrm{rot}\,\mathrm{rot}\,\boldsymbol{E}+\varepsilon_0\mu_0\frac{\partial^2}{\partial t^2}\boldsymbol{E}=\boldsymbol{0} \tag{4.9}$$

ここで，上記の $\mathrm{rot}\,\mathrm{rot}\,\boldsymbol{E}=-\Delta\boldsymbol{E}$ の関係を使うと，次の偏微分方程式が得られます．あとで示すように，これは電場の波動方程式です．

$$-\Delta\boldsymbol{E}+\varepsilon_0\mu_0\frac{\partial^2}{\partial t^2}\boldsymbol{E}=\boldsymbol{0} \tag{4.10}$$

$$\therefore\quad\left(\Delta-\varepsilon_0\mu_0\frac{\partial^2}{\partial t^2}\right)\boldsymbol{E}=\boldsymbol{0} \tag{4.11}$$

この式 (4.11) は式 (4.10) を簡略に表記する記載法で表した式です．この簡略化する記載法は今後もしばしば使いますので，この際この記載方法に慣れておいていただきたいと思います．

次に，式 (4.6) の rot をとると，

$$\mathrm{rot}\,\mathrm{rot}\,\boldsymbol{B}-\varepsilon_0\mu_0\frac{\partial}{\partial t}\mathrm{rot}\,\boldsymbol{E}=\boldsymbol{0} \tag{4.12}$$

となるので，公式 (4.8) 式において $\boldsymbol{E}$ を $\boldsymbol{B}$ と書き換え，かつ式 (4.2) を使うと，同様にして次の式が得られます．

$$\mathrm{grad}\,\mathrm{div}\,\boldsymbol{B}-\Delta\boldsymbol{B}+\varepsilon_0\mu_0\frac{\partial^2}{\partial t^2}\boldsymbol{B}=\boldsymbol{0} \tag{4.13}$$

$\mathrm{div}\,\boldsymbol{B}$ は式 (4.4) によって 0 なので，結局，磁場 $\boldsymbol{B}$ の場合にも，電場の場合の式 (4.11) と同じような，次の式が成り立ちます．

$$\left(\Delta-\varepsilon_0\mu_0\frac{\partial^2}{\partial t^2}\right)\boldsymbol{B}=\boldsymbol{0} \tag{4.14}$$

これで，電場 $\boldsymbol{E}$ についても，磁場 $\boldsymbol{B}$ についても波動方程式を表す同形の式 (4.11) と式 (4.14) の偏微分方程式が得られました．

◆得られた電場 E と磁場 B の方程式は力学における弦の波を表す波動方程式と同じ形！

電場 $\boldsymbol{E}(\boldsymbol{x},t)$ と磁場 $\boldsymbol{B}(\boldsymbol{x},t)$ の座標は詳しく書くと $\boldsymbol{E}(x,y,z,t)$ および $\boldsymbol{B}(x,y,z,t)$ となります．しかし，いま電場 $\boldsymbol{E}$ と磁場 $\boldsymbol{B}$ が x 成分だけについて時間変化する関数であったと仮定すると，式 (4.11) と式 (4.14) は，次の式で表されます．

$$\frac{\partial^2 \boldsymbol{E}(x,t)}{\partial x^2} - \varepsilon_0\mu_0\frac{\partial^2}{\partial t^2}\boldsymbol{E}(x,t) = \boldsymbol{0} \tag{4.15}$$

$$\frac{\partial^2 \boldsymbol{B}(x,t)}{\partial x^2} - \varepsilon_0\mu_0\frac{\partial^2}{\partial t^2}\boldsymbol{B}(x,t) = \boldsymbol{0} \tag{4.16}$$

なぜなら，$\Delta\boldsymbol{E}$ は次の式で

$$\Delta\boldsymbol{E} = \frac{\partial^2 \boldsymbol{E}}{\partial x^2} + \frac{\partial^2 \boldsymbol{E}}{\partial y^2} + \frac{\partial^2 \boldsymbol{E}}{\partial z^2} \tag{4.17}$$

と表されますが，x 成分だけですと，$\Delta\boldsymbol{E}$ は $\dfrac{\partial^2 \boldsymbol{E}}{\partial x^2}$ になるからです．

これらの式 (4.15) と (4.16) の形は，Column4-1 に示すように，力学における弦の変位 ξ のみたす，次の偏微分方程式と同じ形をしています．

$$\frac{\partial^2 \xi}{\partial x^2} = \frac{\rho}{T}\frac{\partial^2 \xi}{\partial t} \tag{4.18}$$

実は，この式 (4.18) は弦が作る x 方向に伝わる波の運動を表す波動方程式なのです．

だから，ここで導いた式 (4.15) と (4.16) は電場 $\boldsymbol{E}(\boldsymbol{x},t)$ の波と磁場 $\boldsymbol{B}(\boldsymbol{x},t)$ の波の運動を表す 1 次元の波動方程式ということになります．したがって，式 (4.11) と式 (4.14) で表される電場 $\boldsymbol{E}(\boldsymbol{x},t)$ と磁場 $\boldsymbol{B}(\boldsymbol{x},t)$ の 3 次元の偏微分方程式は，電場 $\boldsymbol{E}(\boldsymbol{x},t)$ の波と磁場 $\boldsymbol{B}(\boldsymbol{x},t)$ の波の運動を表す 3 次元の波動方程式ということになります．こうして，時間変動のある自由空間の式 (4.1) から式 (4.4) までのマクスウェル方程式を使うと，電場と磁場が作る波の波動方程式が導かれることがわかります．

Column 4-1 弦の作る波の運動方程式について

弦の張力を T, 変位を ξ とし, 変位は x 軸に垂直に起こるとすると, 弦の運動について, 次の運動方程式が成り立ちます.

$$\frac{\partial^2 \xi}{\partial x^2} = \frac{\rho}{T}\frac{\partial^2 \xi}{\partial t} \tag{C4.1}$$

ここで, ρ は弦の線密度です. そして $\dfrac{\rho}{T}$ は次の式で表されます.

$$c_w = \frac{T}{\rho} \tag{C4.2}$$

式 (C4.1) で表される運動方程式は, 弦の起こす x 方向に進む波の運動を表すので, 弦の作る波の波動方程式と呼ばれます. そして, 式 (C4.2) で表される c_w は波の位相速度になります.

4.1.3 電磁波を導く

◆電場 E の波も磁場 B の波も光の速度で進行することが判明した!

力学で起こる弦の波の 1 次元の波動方程式を式 (4.18) に示しましたが, この波動方程式の最も簡単な解は, 次の式で示され 1 次元の平面波の波を表すことが知られています.

$$\xi = a\sin(\omega t - kx) \tag{4.19}$$

ここで, a は波の振幅, ω は波の角振動数です. そして, 波の周波数を f とすると, ω と f の間には $\omega = 2\pi f$ の関係があります. また, この式の k は波数と呼ばれるものです. というのは, 波の波長を λ とすると k は, $k = \dfrac{2\pi}{\lambda}$ となりますので, この式は距離 2π [m] に含まれる波長 λ の数を表すからです.

さて, 式 (4.11) に示した電場 $\boldsymbol{E}$ の波動方程式の解ですが, この式は 3 次元の波動方程式ですので, 解は式 (4.19) と同じような平面波になり, 次の式で表されます.

$$\boldsymbol{E}(\boldsymbol{x},t)=\boldsymbol{n}^{(1)}E_0\sin(\omega t-\boldsymbol{k}\cdot\boldsymbol{x}) \tag{4.20}$$

ここで，$\boldsymbol{n}^{(1)}$ は電場の波の振動方向を表す方位ベクトルで，添え字の (1) は電場の場合を，このあと示す (2) は磁場の場合を表すことにします．

また，E_0 はこの波の振幅です．そして，この式 (4.20) は 3 次元の式なので，波数 k に波数ベクトル $\boldsymbol{k}$ を使っています．この式 (4.20) を式 (4.11) に代入すると，$\Delta\boldsymbol{E}$ は式 (4.17) で表されるので，次のようになります．

$$\begin{aligned}&\frac{\partial^2\boldsymbol{E}}{\partial x^2}+\frac{\partial^2\boldsymbol{E}}{\partial y^2}+\frac{\partial^2\boldsymbol{E}}{\partial z^2}-\varepsilon_0\mu_0\frac{\partial^2}{\partial t^2}\boldsymbol{E}(\boldsymbol{x},t)\\&\quad=\boldsymbol{n}^{(1)}E_0\{\varepsilon_0\mu_0\omega^2-(k_x^2+k_y^2+k_z^2)\}\sin(\omega t-\boldsymbol{k}\cdot\boldsymbol{x})=\boldsymbol{0}\end{aligned} \tag{4.21}$$

この式 (4.21) が常に成立するためには，サイン関数の係数が 0 でなくてはならないので，次の式が成り立ちます．

$$\begin{aligned}&\varepsilon_0\mu_0\omega^2-(k_x^2+k_y^2+k_z^2)=0\\&\therefore\quad \omega^2=\frac{(k_x^2+k_y^2+k_z^2)}{\varepsilon_0\mu_0}\end{aligned} \tag{4.22a}$$

ここで，k を波数ベクトルの絶対値だとすると，$k_x^2+k_y^2+k_z^2=k^2$ となるので，ω は次の式で表されます．

$$\omega=\frac{k}{\sqrt{\varepsilon_0\mu_0}} \tag{4.22b}$$

電場 $\boldsymbol{E}$ の波の進行速度を $\boldsymbol{v}$ とすると，$\boldsymbol{v}$ の大きさ v は波の波長 λ の振動数 f 倍になるので，$v=f\lambda$ となります．この関係と $\omega=2\pi f$ および $k=\dfrac{2\pi}{\lambda}$ の関係を使うと，$\omega=kv$ の関係が得られるので，この関係を式 (4.22b) に代入すると，v として次の式が得られます．

$$\begin{aligned}&kv=\frac{k}{\sqrt{\varepsilon_0\mu_0}}\\&\therefore\quad v=\frac{1}{\sqrt{\varepsilon_0\mu_0}}\end{aligned} \tag{4.23}$$

真空中の誘電率 ε_0 と透磁率 μ_0 のそれぞれの値，8.855×10^{-12} [F/m] と 1.257×10^{-6} [H/m] を使って $\varepsilon_0\mu_0$ を計算すると，11.13×10^{-18} [s^2/m^2] となり

ます．したがって，$\dfrac{1}{\sqrt{\varepsilon_0\mu_0}} = 2.997\times10^8$ [m/s] と計算できます．ここで，単位の計算には $[\mathrm{F/m}]\times[\mathrm{H/m}] = [\mathrm{F\cdot H/m^2}] = [\mathrm{F\cdot V\cdot s/(m^2\cdot A)}] = [\mathrm{s^2/m^2}]$（ここでは $[\mathrm{H}] = [\mathrm{Wb/A}] = [\mathrm{V\cdot s/A}]$）という関係を使っています．だから，電場 $\boldsymbol{E}$ の波の速度 v は 2.997×10^8 [m/s] となります．この速度はマクスウェルの時代にも知られていた光の速度の値と同じです．

このことから，光の速度を c とすると，光の速度 c は誘電率 ε_0 と透磁率 μ_0 の積を使って次の式で表されます．

$$c = \frac{1}{\sqrt{\varepsilon_0\mu_0}} \tag{4.24}$$

なお，現在では光の速度 c としては，$c = 299\,792\,458$ m/s（≒ 30 万キロメートル毎秒）と定義された値が使われています．

一方，式 (4.14) で表される磁場 $\boldsymbol{B}$ の波動方程式の解を求めると，電場 $\boldsymbol{E}$ の場合と同様にして，磁場 $\boldsymbol{B}$ の波の式は次の式で表されることがわかります．

$$\boldsymbol{B}(\boldsymbol{x}, t) = \boldsymbol{n}^{(2)} B_0 \sin(\omega t - \boldsymbol{k}\cdot\boldsymbol{x}) \tag{4.25}$$

ここで，$\boldsymbol{n}^{(2)}$ と B_0 は，それぞれ磁場の振動方向を表す方位ベクトルと磁場の波の振幅です．磁場 $\boldsymbol{B}$ の波のこの式 (4.25) を用いても，式 (4.22a〜24) と同じような関係式が得られます．したがって，磁場の波の進行速度も光の速度 c と同じだということがわかります．だから，電場の波と磁場の波を合わせて電磁波と呼びますと，電磁波の速度は光の速度と同じであるとわかります．

4.1.4 マクスウェル方程式による電磁波の性質の解明

◆電場 E の波も磁場 B の波も横波である

次に，式 (4.20) および (4.25) で表される電場の波と磁場の波の性質を，マクスウェル方程式を用いて調べてみましょう．

まず，式 (4.20) の電場 $\boldsymbol{E}$ の波の式を，電場に関するガウスの法則の式の式 (4.3) に代入します．すなわち，$\mathrm{div}\,\boldsymbol{E}(\boldsymbol{x}, t) = \dfrac{\partial E_x}{\partial x} + \dfrac{\partial E_y}{\partial y} + \dfrac{\partial E_z}{\partial z}$ と書き

換え，この式に式 (4.20) の関係 $\boldsymbol{E}(\boldsymbol{x},t) = \boldsymbol{n}^{(1)} E_0 \sin(\omega t - \boldsymbol{k}\cdot\boldsymbol{x})$ を代入して計算すると，式 (4.3) より次の式が得られます．

$$(n_x^{(1)} k_x + n_y^{(1)} k_y + n_z^{(1)} k_z)\varepsilon_0 E_0 \cos(\omega t - \boldsymbol{k}\cdot\boldsymbol{x}) = 0 \tag{4.26a}$$

$$\text{または，}\quad (\boldsymbol{n}^{(1)} \cdot \boldsymbol{k})\varepsilon_0 E_0 \cos(\omega t - \boldsymbol{k}\cdot\boldsymbol{x}) = 0 \tag{4.26b}$$

この式 (4.26b) が成り立つためには，次の式が成り立たねばなりません．

$$\boldsymbol{n}^{(1)} \cdot \boldsymbol{k} = 0 \tag{4.27}$$

また，式 (4.25) の磁場 $\boldsymbol{B}$ の波の式を，磁場の関するガウスの法則の式 (4.4) に代入すると，同様にして，次の式が成り立ちます．

$$\operatorname{div} \boldsymbol{B}(\boldsymbol{x},t) = (n_x^{(2)} k_x + n_y^{(2)} k_y + n_z^{(2)} k_z) B_0 \cos(\omega t - \boldsymbol{k}\cdot\boldsymbol{x}) = 0 \tag{4.27a}$$

$$\text{または，}\quad (\boldsymbol{n}^{(2)} \cdot \boldsymbol{k}) B_0 \cos(\omega t - \boldsymbol{k}\cdot\boldsymbol{x}) = 0 \tag{4.27b}$$

この式 (4.27a, b) では，方位ベクトル $\boldsymbol{n}$ の添え字が (2) になっていますが，最初に指摘していたように，$\boldsymbol{n}^{(2)}$ は磁場の波の振動方向を表す方位ベクトルです．式 (4.26b) と式 (4.27b) が常に成立するためには，cos 関数の前の係数が 0 になる必要があるので，次の式が成り立ちます．

$$\boldsymbol{n}^{(1)} \cdot \boldsymbol{k} = 0 \quad \text{および} \quad \boldsymbol{n}^{(2)} \cdot \boldsymbol{k} = 0 \tag{4.28}$$

すなわち，電場 $\boldsymbol{E}$ の波も，磁場 $\boldsymbol{B}$ の波も，波の進行方向の $\boldsymbol{k}$ 方向に対して垂直方向に振動しています．だから，これらの電磁波の波は横波であることがわかります．

◆電場の波と磁場の波の振動方向はお互いに直交している

次に，電場 $\boldsymbol{E}$ の波と磁場 $\boldsymbol{B}$ の波の関係を調べることにしましょう．それには，電場 $\boldsymbol{E}$ と磁場 $\boldsymbol{B}$ の両方の項が含まれるファラデーの電磁誘導の法則の，次に再掲する式を使うのがよいことがわかります．

$$\operatorname{rot} \boldsymbol{E}(\boldsymbol{x},t) + \frac{\partial \boldsymbol{B}(\boldsymbol{x},t)}{\partial t} = \boldsymbol{0} \tag{4.29}$$

そこで，式 (4.20) の電場 $\boldsymbol{E}$ の波の式と磁場 $\boldsymbol{B}$ の波の式 (4.25) をこの式

(4.29) に代入して電場 $\boldsymbol{E}$ の波と磁場 $\boldsymbol{B}$ の波の関係を求めます．いまの場合，x 成分だけを考えることにして，rot の x 成分と磁場 $\boldsymbol{B}$ の時間による偏微分の x 成分を式 (4.29) に代入することとして，まず次の式を作ります．

$$\{\mathrm{rot}\,\boldsymbol{E}(\boldsymbol{x},t)\}_x = -\frac{\partial B_x(\boldsymbol{x},t)}{\partial t}$$
$$\therefore \quad \frac{\partial E_z(\boldsymbol{x},t)}{\partial y} - \frac{\partial E_y(\boldsymbol{x},t)}{\partial z} = -\frac{\partial B_x(\boldsymbol{x},t)}{\partial t} \tag{4.30}$$

以上で準備が終わったので，式 (4.30) に式 (4.20) と式 (4.25) を代入すると，次の式が得られます．

$$(-n_z^{(1)}k_y + n_y^{(1)}k_z)E_0\cos(\omega t - \boldsymbol{k}\cdot\boldsymbol{x}) = -\omega n_x^{(2)}B_0\cos(\omega t - \boldsymbol{k}\cdot\boldsymbol{x}) \tag{4.31a}$$

この式から，両辺の cos 関数の係数は等しくなるので，次の式が成り立ちます．

$$(-n_z^{(1)}k_y + n_y^{(1)}k_z)E_0 = -\omega n_x^{(2)}B_0 \tag{4.31b}$$

式 (4.31a, b) の左辺は rot の x 成分なので，方位ベクトル $\boldsymbol{n}$ と波数ベクトル $\boldsymbol{k}$ の関係はベクトル積になります．だから，式 (4.31b) より，方位ベクトル $\boldsymbol{n}^{(1)}$ と $\boldsymbol{n}^{(2)}$ の間に，次の関係が成り立ちます．

$$\boldsymbol{n}^{(1)} \times \boldsymbol{k} = \boldsymbol{n}^{(2)} \tag{4.32a}$$

$\boldsymbol{k}$ は波の進行方向を表すベクトルですが，これを波数 k と方位ベクトル $\boldsymbol{n}^{(3)}$ を使って，波数ベクトル $\boldsymbol{k}$ を，$\boldsymbol{k} = k\boldsymbol{n}^{(3)}$ とおき，これを式 (4.32a) に代入すると，$\boldsymbol{n}^{(1)}$ と $\boldsymbol{n}^{(2)}$ および $\boldsymbol{n}^{(3)}$ の間に，次の関係が得られます．

$$\boldsymbol{n}^{(1)} \times \boldsymbol{n}^{(3)} = \boldsymbol{n}^{(2)} \tag{4.32b}$$

この式 (4.32b) では $\boldsymbol{n}^{(1)}$，$\boldsymbol{n}^{(3)}$，および $\boldsymbol{n}^{(2)}$ は，図 4.1 に示すように，それぞれ，$\boldsymbol{n}^{(1)}$ は電場 $\boldsymbol{E}$ の波の振動方向，$\boldsymbol{n}^{(3)}$ は電場と磁場の波の進行方向，そして $\boldsymbol{n}^{(2)}$ は磁場 $\boldsymbol{B}$ の波の振動方向です．だから，この式は，図 4.1 に示すように，磁場 $\boldsymbol{B}$ の振動方向 $\boldsymbol{n}^{(2)}$ は，波の進行方向 $\boldsymbol{n}^{(3)}$ と電場の波の振動

方向 $\boldsymbol{n}^{(1)}$ の両方に対して垂直であることがわかります．そして，電場 $\boldsymbol{E}$ の波の振動方向も波の進行方向に対して垂直です．だから，式 (4.32b) は電磁波が横波であることを表しています．

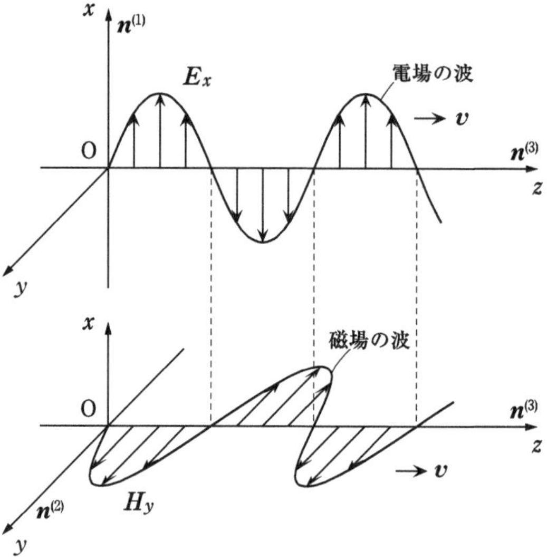

図 4.1　電場の波（上）と磁場の波（下）および相互の関係

以上に調べた電場 $\boldsymbol{E}$ の波と磁場 $\boldsymbol{B}$ の波，すなわち電磁波の次の性質から，マクスウェルは，電磁波は光と同じであると結論しました．すなわち，電磁波の速度の値が約 3×10^8 [m/s] で光の速度と同じであり，光も電磁波も，ともに進行方向に対して垂直方向に振動する横波であることです．そして，これらの電磁波の性質はマクスウェルが明らかにしたことです．

また，電場 $\boldsymbol{E}$ の波の振幅 E_0 と磁場 $\boldsymbol{B}$ の波の振幅 B_0 との間には，式 (4.31b) を使って，次の関係が得られます．

$$kE_0 = \omega B_0 \tag{4.33a}$$

$$\therefore \quad E_0 = \frac{\omega}{k} B_0 \tag{4.33b}$$

◆変位電流をマクスウェルが導入していなかったなら電磁波存在の予言はなかった！

マクスウェルはマクスウェル方程式を解くことによって，電磁波の存在の予言をしたのですが，当時は電気の波が存在することなど夢想さえできなかった時代でした．この驚くべき予言はマクスウェルが導入した変位電流にその源があるのです．なぜなら，変位電流が存在しなければ電流の存在しない真空空間におけるマクスウェル方程式の式 (4.1) は次のようになります．

$$\mathrm{rot}\,\boldsymbol{H}(x,t)=\boldsymbol{0} \tag{4.34}$$

この式 (4.34) は，$\mu_0\boldsymbol{H}=\boldsymbol{B}$ の関係を使うと，次の式になります．

$$\mathrm{rot}\,\boldsymbol{B}(x,t)=\boldsymbol{0} \tag{4.35}$$

すでに述べた波動方程式を導く手法に従って，この式 (4.35) を次の式 (4.7)

$$\mathrm{rot}\,\mathrm{rot}\,\boldsymbol{E}+\frac{\partial}{\partial t}\mathrm{rot}\,\boldsymbol{B}=\boldsymbol{0} \qquad \text{(4.7) の再掲}$$

に代入すると，第 2 項は $\boldsymbol{0}$ ですから $\mathrm{rot}\,\mathrm{rot}\,\boldsymbol{E}=\boldsymbol{0}$ となります．そして，この関係を次の式 (4.8)

$$\mathrm{rot}\,\mathrm{rot}\,\boldsymbol{E}=\mathrm{grad}\,\mathrm{div}\,\boldsymbol{E}-\Delta\boldsymbol{E} \qquad \text{(4.8) の再掲}$$

に代入すると電荷の存在しない真空空間では $\mathrm{div}\,\boldsymbol{E}$ は 0 ですので，電場 $\boldsymbol{E}$ についての式 $\Delta\boldsymbol{E}$ は，次の式になってしまいます．

$$\Delta\boldsymbol{E}(\boldsymbol{x},t)=\boldsymbol{0} \tag{4.36a}$$

同様な議論により，磁場 $\boldsymbol{B}$ に関する式も同様な次の式になります．

$$\Delta\boldsymbol{B}(\boldsymbol{x},t)=\boldsymbol{0} \tag{4.36b}$$

例えば式 (4.36a) は，ラプラシアン Δ を電場 $\boldsymbol{E}$ に作用させた $\Delta\boldsymbol{E}$ が前に示した式 (4.17) で表されるので，次のようになります．

$$\frac{\partial^2 \boldsymbol{E}(\boldsymbol{x},t)}{\partial x^2}+\frac{\partial^2 \boldsymbol{E}(\boldsymbol{x},t)}{\partial y^2}+\frac{\partial^2 \boldsymbol{E}(\boldsymbol{x},t)}{\partial z^2}=\boldsymbol{0} \tag{4.37}$$

式 (4.36a, b) やこの式 (4.37) はラプラス方程式と呼ばれますが，これらのラプラス方程式からは波動方程式を導くことはできません．したがって，電磁波も導くことはできません．

以上の結果からわかりますように，波動方程式やこれから導かれる電磁波はマクスウェル方程式の 4 個の式のすべてが使われて導かれています．だから，これまで何度も繰り返し力説してきたように，マクスウェル方程式はそれまで電磁気学の分野に存在していた重要な 4 個の基本法則の式を寄せ集めて単にまとめただけのものではなく，マクスウェルが新しく創り上げた体系的な基本方程式なのです．

すなわち，マクスウェルは体系的な方程式（マクスウェル方程式）を作成するために従来存在していた 4 個の基本法則の式を元にしました．しかし，彼はこれらの 4 個の式を綿密に検討し，4 個の基本式のすべてが電荷の保存則をみたし，かつ，4 個の式の間で整合性がとれるように，新しく変位電流を導入してこの体系的な方程式を創り上げたのです．

そして，この変位電流を基本式に導入したことが，ここで見てきたように，電場と磁場の波の波動方程式の形成に決定的な役割を果たしたのです．また，この変位電流の存在によって波動方程式から電磁波が生まれるという，予想外の画期的な成果が得られたのです．

4.1.5 1 次元成分の波で見る電磁波の姿

これまでの記述で電磁波の説明は一応終わっているのですが，これまでは 3 次元の式を使って説明してきましたので，初学者の方には電磁波のイメージがいま一つつかみにくかった面があったかもしれません．これを補う意味も含めて，ここで 1 次元成分だけの波を使って電磁波の姿を見ておくことにします．

そこで，ここでは直交座標を使うことにし，電場 $\boldsymbol{E}$ と磁場 $\boldsymbol{B}$ が z 方向のみに変化する，すなわち位置座標としては z 成分の偏微分のみが存在する場合について考えることにします．

この条件で，最初に示したマクスウェル方程式の式 (4.1〜4) を，まず 1 次元の式に改めましょう．それには，電場 $\boldsymbol{E}(x,y,z,t)$ と磁場 $\boldsymbol{B}(x,y,z,t)$ を，次の関係を使って x，y，z 成分に分ける必要があります．

$$\boldsymbol{E}(x,y,z,t) = E_x(z,t)\boldsymbol{i} + E_y(z,t)\boldsymbol{j} + E_z(z,t)\boldsymbol{k} \tag{4.38a}$$

$$\boldsymbol{B}(x,y,z,t) = B_x(z,t)\boldsymbol{i} + B_y(z,t)\boldsymbol{j} + B_z(z,t)\boldsymbol{k} \tag{4.38b}$$

以上の条件のもとにマクスウェル方程式の式 (4.1) を Column 4-2 に示すように x，y，z 成分に分けて，式 (4.5) と式 (4.38a, b) を使って計算すると，式 (C4.3c) の関係が得られるので，この式を使うと磁場 $\boldsymbol{B}$ と電場 $\boldsymbol{E}$ の偏微分の間に，次の関係式が成り立つことがわかります．

$$\begin{aligned} -\frac{\partial B_y(z,t)}{\partial z} &= \varepsilon_0\mu_0\frac{\partial E_x(z,t)}{\partial t}, \\ \frac{\partial B_x(z,t)}{\partial z} &= \varepsilon_0\mu_0\frac{\partial E_y(z,t)}{\partial t}, \\ 0 &= \frac{\partial E_z(z,t)}{\partial t} \end{aligned} \tag{4.39}$$

ここでは，式 (4.5) の関係を使って，式 (4.1) における磁場 $\boldsymbol{H}$ と電束密度 $\boldsymbol{D}$ の偏微分の関係を磁場 $\boldsymbol{B}$（磁束密度）と電場 $\boldsymbol{E}$ の関係に変換しています．

次に，式 (4.2) も成分も分けて式 (4.38a,b) を使うと，同様にして，Column 4-2 の式 (C4.4b) の関係式が得られるので，この式に従って磁場 $\boldsymbol{B}$ と電場 $\boldsymbol{E}$ の成分の偏微分の間に，次の関係式が成り立つことがわかります．

$$\begin{aligned} -\frac{\partial E_y(z,t)}{\partial z} &= -\frac{\partial B_x(z,t)}{\partial t}, \\ \frac{\partial E_x(z,t)}{\partial z} &= -\frac{\partial B_y(z,t)}{\partial t}, \\ 0 &= -\frac{\partial B_z(z,t)}{\partial t} \end{aligned} \tag{4.40}$$

Column 4-2 式 (4.39) と式 (4.40) の導出

$\mathrm{rot}\,\boldsymbol{H}$ と $\dfrac{\partial \boldsymbol{D}}{\partial t}$ を，x，y，z 成分に書き下すと，ここでは座標を省略しま

すが，それぞれ次にようになります．

$$\operatorname{rot}\boldsymbol{H}=\left(\frac{\partial H_z}{\partial y}-\frac{\partial H_y}{\partial z}\right)\boldsymbol{i}+\left(\frac{\partial H_x}{\partial z}-\frac{\partial H_z}{\partial x}\right)\boldsymbol{j}+\left(\frac{\partial H_y}{\partial x}-\frac{\partial H_x}{\partial y}\right)\boldsymbol{k}$$

$$\frac{\partial \boldsymbol{D}}{\partial t}=\frac{\partial D_x}{\partial t}\boldsymbol{i}+\frac{\partial D_y}{\partial t}\boldsymbol{j}+\frac{\partial D_z}{\partial t}\boldsymbol{k}$$

そして，これらの成分に分解した $\operatorname{rot}\boldsymbol{H}$ と $\dfrac{\partial \boldsymbol{D}}{\partial t}$ を式 (4.1) に代入すると，次の式

$$\left(\frac{\partial H_z}{\partial y}-\frac{H_y}{\partial z}\right)\boldsymbol{i}+\left(\frac{\partial H_x}{\partial z}-\frac{\partial H_z}{\partial x}\right)\boldsymbol{j}+\left(\frac{\partial H_y}{\partial x}-\frac{\partial H_x}{\partial y}\right)\boldsymbol{k}$$
$$=\frac{\partial D_x}{\partial t}\boldsymbol{i}+\frac{\partial D_y}{\partial t}\boldsymbol{j}+\frac{\partial D_z}{\partial t}\boldsymbol{k}$$

ができます．次に，この式において左右の $\boldsymbol{i}$，$\boldsymbol{j}$，$\boldsymbol{k}$ の各成分を等しいとおくと，次の式が得られます．

$$\frac{\partial H_z}{\partial y}-\frac{\partial H_y}{\partial z}=\frac{\partial D_x}{\partial t},\quad \frac{\partial H_x}{\partial z}-\frac{\partial H_z}{\partial x}=\frac{\partial D_y}{\partial t},\quad \frac{\partial H_y}{\partial x}-\frac{\partial H_x}{\partial y}=\frac{\partial D_z}{\partial t} \tag{C4.3a}$$

変化する方向は z 方向のみですから，x と y で偏微分された項を除くと，次の式が得られます．

$$-\frac{\partial H_y}{\partial z}=\frac{\partial D_x}{\partial t},\quad \frac{\partial H_x}{\partial z}=\frac{\partial D_y}{\partial t},\quad 0=\frac{\partial D_z}{\partial t} \tag{C4.3b}$$

ここで，式 (4.5) の関係を使うと $\boldsymbol{H}$ と $\boldsymbol{D}$ は $\boldsymbol{H}=\dfrac{1}{\mu_0}\boldsymbol{B}$，$\boldsymbol{D}=\varepsilon_0\boldsymbol{E}$ となるので，式 (C4.3b) の関係は次のようになります．

$$-\frac{\partial B_y}{\partial z}=\varepsilon_0\mu_0\frac{\partial E_x}{\partial t},\quad \frac{\partial B_x}{\partial z}=\varepsilon_0\mu_0\frac{\partial E_y}{\partial t},\quad 0=\varepsilon_0\frac{\partial E_z}{\partial t} \tag{C4.3c}$$

また，マクスウェル方程式の式 (4.2) を成分に分解した $\operatorname{rot}\boldsymbol{E}$ と $\dfrac{\partial \boldsymbol{B}}{\partial t}$ を代入すると，次の関係式が得られます．

$$\left(\frac{\partial E_z}{\partial y}-\frac{\partial E_y}{\partial z}\right)\boldsymbol{i}+\left(\frac{\partial E_x}{\partial z}-\frac{\partial E_z}{\partial x}\right)\boldsymbol{j}+\left(\frac{\partial E_y}{\partial x}-\frac{\partial E_x}{\partial y}\right)\boldsymbol{k}$$
$$=-\frac{\partial B_x}{\partial t}\boldsymbol{i}-\frac{\partial B_y}{\partial t}\boldsymbol{j}-\frac{\partial B_z}{\partial t}\boldsymbol{k}$$

この式の左右の $\boldsymbol{i}$，$\boldsymbol{j}$，$\boldsymbol{k}$ の各項を等しいとおくと，次の式が得られます．

$$\frac{\partial E_z}{\partial y} - \frac{\partial E_y}{\partial z} = -\frac{\partial B_x}{\partial t},$$
$$\frac{\partial E_x}{\partial z} - \frac{\partial E_z}{\partial x} = -\frac{\partial B_y}{\partial t},$$
$$\frac{\partial E_y}{\partial x} - \frac{\partial E_x}{\partial y} = -\frac{\partial B_z}{\partial t} \tag{C4.4a}$$

この式でも x と y による偏微分の項を除くと，電場と磁場の間に，次の関係式が得られます．

$$-\frac{\partial E_y}{\partial z} = -\frac{\partial B_x}{\partial t},$$
$$\frac{\partial E_x}{\partial z} = -\frac{\partial B_y}{\partial t},$$
$$0 = -\frac{\partial B_z}{\partial t} \tag{C4.4b}$$

また，マクスウェル方程式の式 (4.3) と式 (4.4) より，式 (4.5) の関係を使って電場と磁場の z 成分の項を求めると，次のようになります．

$$\frac{\partial E_z(z,t)}{\partial z} = 0, \quad \frac{\partial B_z(z,t)}{\partial z} = 0 \tag{4.41}$$

ここで z によって偏微分した成分のみを示したのは，式 (4.3) と式 (4.4) は div の式なので，$\dfrac{\partial}{\partial z}$ の他に $\dfrac{\partial}{\partial x}$ や $\dfrac{\partial}{\partial y}$ の項もありますが，$\dfrac{\partial}{\partial x}$ や $\dfrac{\partial}{\partial y}$ の項は恒等的に 0 になるので，式の意味があるのは z による偏微分の項の $\dfrac{\partial}{\partial z}$ 項だけだからです．

以上でマクスウェル方程式の成分間の関係がわかりました．式 (4.39) の第 3 式と式 (4.41) の第 1 式からは，次の関係が得られます．

$$\frac{\partial E_z(z,t)}{\partial t} = 0, \quad \frac{\partial E_z(z,t)}{\partial z} = 0 \tag{4.42}$$

また，式 (4.40) の第 3 式と式 (4.41) の第 2 式からは，次の式が得られます．

$$\frac{\partial B_z(z,t)}{\partial t} = 0, \quad \frac{\partial B_z(z,t)}{\partial z} = 0 \tag{4.43}$$

式 (4.42) と式 (4.43) では，電場 $\boldsymbol{E}$ と磁場 $\boldsymbol{B}$ の z 成分の E_z と B_z はいず

れも，位置 z で偏微分しても時間 t で偏微分しても 0 になっています．すなわち，E_z と B_z はいずれも定数です．いまの場合，この定数を 0 としても構わないので，E_z と B_z を次のようにおくことにします．

$$E_z(z,t)=0, \quad B_z(z,t)=0 \tag{4.44}$$

したがって，今回のように 1 次元の式で扱う場合には，電場と磁場の波の z 成分は存在しないことになります．第 4.1.4 節では，電場 $\boldsymbol{E}$ と磁場 $\boldsymbol{B}$ の波は進行方向の z 方向に垂直に振動していると述べましたが，このことと一致して，電場 $\boldsymbol{E}$ と磁場 $\boldsymbol{B}$ の波は z 方向に垂直の成分しか持っていないのです．

いまの場合，電場 $\boldsymbol{E}$ が z 成分の他に，y 成分も 0 としてみましょう．つまり，次の式が成り立つとしましょう．

$$E_y(z,t)=0 \tag{4.45}$$

すると，式 (4.40) の第 1 式と，式 (4.39) の第 2 式より，次の式が成り立つことがわかります．

$$\frac{\partial B_x(z,t)}{\partial t}=0, \quad \frac{\partial B_x(z,t)}{\partial z}=0 \tag{4.46}$$

式 (4.46) が成り立つことは，磁場 $\boldsymbol{B}$ の x 成分が定数であることを表しているので，定数に 0 を使って，次の式が成り立つとします．

$$B_x(z,t)=0 \tag{4.47}$$

以上の結果より，電場 $\boldsymbol{E}$ は x 成分のみ存在し，磁場 $\boldsymbol{B}$ は y 成分のみ存在します．そして，これらの成分が z 方向に対して垂直であるとすると，この状況は図 4.2 に示すようになります．

さて，これまでマクスウェル方程式を成分に分解して導いた式の中の式 (4.39)，式 (4.40)，式 (4.41) の中で，ここでまだ使っていない式は，式 (4.39) の第 1 式と式 (4.40) の第 2 式です．ここで使うので，これらを改めて書いておくと，それぞれ次のようになります．

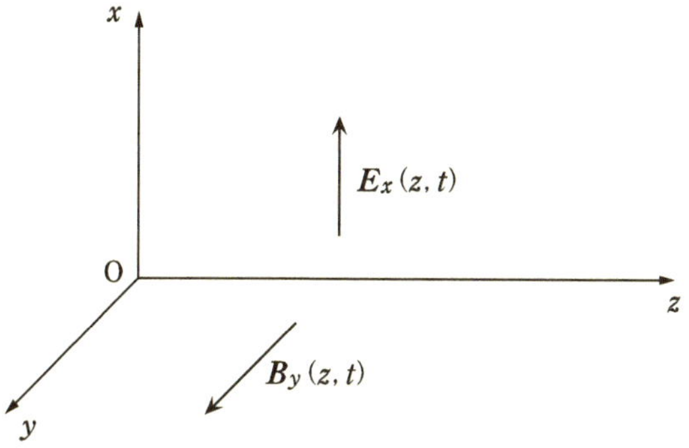

図 4.2 z 方向に垂直な電場 $\boldsymbol{E}$ と磁場 $\boldsymbol{B}$ の方向

$$-\frac{\partial B_y(z,t)}{\partial z}=\varepsilon_0\mu_0\frac{\partial E_x(x,t)}{\partial t},\quad \frac{\partial E_x(z,t)}{\partial z}=-\frac{\partial B_y(z,t)}{\partial t} \tag{4.48}$$

ここで，式 (4.48) の第 2 式を z で偏微分すると，次のようになります．

$$\frac{\partial^2 E_x(z,t)}{\partial z^2}=-\frac{\partial^2 B_y(z,t)}{\partial t\partial z} \tag{4.49a}$$

また，同じく式 (4.48) の第 1 式を t で偏微分すると，次の式ができます．

$$-\frac{\partial^2 B_y(z,t)}{\partial z\partial t}=\varepsilon_0\mu_0\frac{\partial^2 E_x(x,t)}{\partial t^2} \tag{4.49b}$$

これらの二つの式 (4.49a, b) を見ると，式 (4.49a) 右辺と式 (4.49b) の左辺は等しいので，次の式が成り立ちます．

$$\frac{\partial^2 E_x(z,t)}{\partial z^2}=\varepsilon_0\mu_0\frac{\partial^2 E_x(x,t)}{\partial t^2} \tag{4.50}$$

この式をいつものように，$E_x(z,t)$ をくくり出して書き改めると，次の式で表すことができます．

$$\left(\frac{\partial^2}{\partial z^2}-\varepsilon_0\mu_0\frac{\partial^2}{\partial t^2}\right)E_x(z,t)=0 \tag{4.51}$$

同様にして，磁場 $B_y(z,t)$ についても次の式を導くことができます．

$$\left(\frac{\partial^2}{\partial z^2} - \varepsilon_0\mu_0\frac{\partial^2}{\partial t^2}\right) B_y(z,t) = 0 \tag{4.52}$$

こうして出来上がった式 (4.51) と式 (4.52) は，電場 $\boldsymbol{E}$ と磁場 $\boldsymbol{B}$ の 1 次元の波動方程式です．これらの式は，すでに示した 3 次元の波動方程式の式 (4.11) と式 (4.14) の 1 次元成分の式になっています．

1 次元の電場 $\boldsymbol{E}$ の波の波動方程式の式 (4.51) の解は，3 次元の波動方程式の解の式 (4.20) と対応して，E_0 を振幅として次の式で与えられます．

$$E_x(z,t) = E_0 \sin(\omega t - kz) \tag{4.53}$$

また，磁場 $\boldsymbol{B}$ の場合の解は，同様に磁場の波の振幅 B_0 を使って，次の式

$$B_y(z,t) = B_0 \sin(\omega t - kz) \tag{4.54a}$$

に示すように導けますが，電場の波の振幅 E_0 と磁場の波の振幅 B_0 の関係から，この式 (4.54a) の磁場の波は，次のように書き表すことができます．

$$B_y(x,t) = \frac{E_0}{v}\sin(\omega t - kz) \tag{4.54b}$$

なぜかといいますと，3 次元の波動方程式を導いたときに，式 (4.33a) に示したように，振幅 E_0 と振幅 B_0 の間には，$kE_0 = \omega B_0$ の関係式が成り立ちます．したがって，磁場の波の振幅は次の式で表されるからです．

$$B_0 = \frac{k}{\omega}E_0 \tag{4.55}$$

ここで，k は波数，ω は角振動数で，それぞれ $k = \dfrac{2\pi}{\lambda}$，$\omega = 2\pi f$ の関係があります．したがって，$\dfrac{k}{\omega}$ は $\dfrac{1}{\lambda f}$ となりますが，積 λf は波の速度 v に等しくなるので，結局，$\dfrac{k}{\omega}$ は $\dfrac{1}{v}$ となります．だから，式 (4.55) の磁場の波の振幅 B_0 は $\dfrac{E_0}{v}$ となるのです．

式 (4.53) と式 (4.54a) で表される電場 $\boldsymbol{E}$ の波と磁場 $\boldsymbol{B}$ の波の振動の様子と波の進行方向は，3 次元の電磁波の場合と同じ，第 4.1.4 節で示した図 4.1 に示すようになります．

4.1.6 ヘルツによるマクスウェル方程式の整理と電磁波の実験による実証

前にも述べたようにマクスウェルの存命中には，彼の提案した変位電流も，予言した電磁波の存在も，当時の科学者たちには認められていませんでした．しかし，マクスウェルの理論および彼の電磁波の予言は一部の先進的な科学者からは静かながら根強い注目を集めていました．その科学者らの中に，図 4.3 に示す，ドイツのヘルツ（H. Hertz, 1857〜1894）がいました．

図 4.3 ヘルツ

ヘルツはこのあと説明するように，電磁波を実際に発生させて，マクスウェルの予言を実証したことで有名ですが，ヘルツは電磁気学については実験によるばかりではなく理論面でも優れた業績を挙げています．その中でも，マクスウェルの理論を詳細に検討し，最初 4 個以上存在していた式を整理して今日のマクスウェル方程式の姿に整えた彼の業績は，本書の内容と関連するだけに強調しておく必要があります．なお，マクスウェル方程式の整理には，イギリスの著名な数学者のヘヴィサイド（O. Heaviside, 1850〜1925）も寄与したことを付記しておきます．

実はマクスウェルが彼の著書『電磁気論』に電磁場の基礎方程式（マクスウェル方程式）として記載していた式では，十数個の数式が並べられていたのです．ヘルツらがこれらの式を詳細に検討したところ，十数個の式には重複があることがわかったのです．そこで，ヘルツはこれらの式を整理し，4

個の基本式に整えました．これが現在の形のマクスウェル方程式です．

さて電磁波の発生ですが，ヘルツは，図 4.4 に示すような簡単な発信器を使って電磁波を発生させたといわれています．すなわち，図 4.4 に示すように，2 本の金属棒の先端に金属製の球をとりつけ，二つの金属球を少し離して固定し，金属棒の両端につないだ導線に高電圧を加えて，金属球間で放電を起こさせたところ電磁波が発生したのです．

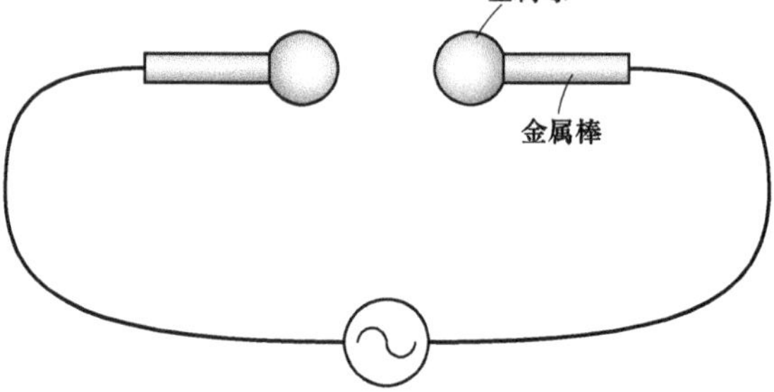

図 4.4　ヘルツ発信器

すなわち，誘導発電機を使って高電圧を作って金属球間で放電を行ったところ，近くに置いてあった間隙を持つループ状の導線間に火花が飛ぶ現象が起こったのです．このことに気付いたヘルツは，さらに実験を繰り返し，近く置いた間隙のあるループで起こる火花放電を詳しく調べて振動が空間を伝わることを突き止めたのです．こうしてヘルツは電磁波の発生に成功し，マクスウェルの電磁波の予言を実証しました．

このヘルツの電磁波の存在の実証実験によって，ファラデー－マクスウェルの近接作用の考えに基づいたマクスウェルの理論の正しさが完全に確認されました．この結果，当時の科学が電磁波の予言と存在を信じるようになるとともに，電磁波予言の元になったマクスウェルの提案した変位電流も一般の科学者に認められるようになったのでした．

さて，電磁波の放射装置として使われる電気器具はアンテナと呼ばれますが，ヘルツ発信器から発展した，最も簡単なアンテナは，図 4.5 に示すダブレットアンテナです．なお，ヘルツ発信器の電気回路のインダクタンス（自己誘導係数）L [H] とコンデンサの静電容量 C [F] を使うと，高周波電流の周波数 f は次の式で表されます．

$$f = \frac{1}{2\pi\sqrt{LC}} \text{ [Hz]} \tag{4.56}$$

そして，アンテナから発生して空間に放射される電磁波の周波数 f も，式 (4.56) で与えられる周波数 f と同じになります．

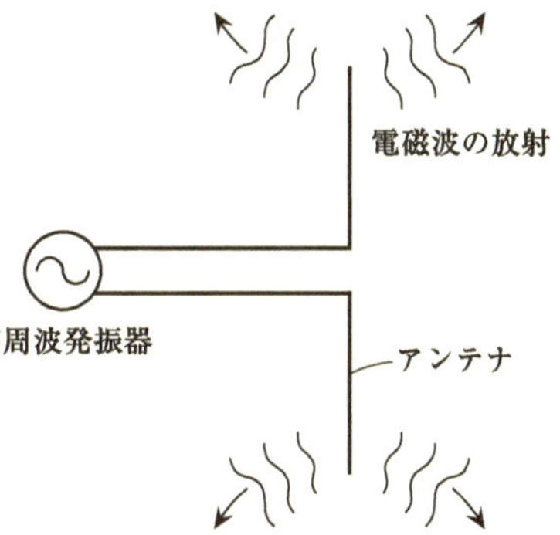

図 4.5　ダブレットアンテナ

4.2　マクスウェル方程式から電磁場が求まる見通しのよい方程式を導く

4.2.1　電磁ポテンシャルを使って表した電場 E と磁場 B

これまで，マクスウェル方程式は電磁気学の 4 個の式を単に寄せ集めたものではなく，体系的な電磁気学の基本方程式なっていると幾度も力説してきました．この状況が具体的にわかる代表例として前節の第 4.1 節に，マクスウェル方程式のすべてを使って波動方程式を導き，この式から電磁波が生まれることを説明しました．

しかし，これを読まれても，なお，マクスウェル方程式を体系的な一体の方程式として扱うにはどうすればよいか，戸惑っている人は多いのではないかと思われます．前節において説明したマクスウェル方程式からの波動方程式やこれに続く電磁波を導く手続きも，初学者にとってはかなり複雑であっただけに，ある意味では当然かもしれません．

そこでこの節では，マクスウェル方程式を“電磁ポテンシャル”と呼ばれるものを使って書き直し，一般の課題に対して電磁場，つまり電場 $\boldsymbol{E}$ と磁場 $\boldsymbol{B}$ をスムーズに求めることのできる見通しのよい式を導くことにします．この第 4.2.1 節では，まずその準備として電磁場を電磁ポテンシャルで表現することから始めましょう．

まず，書き換える元になるマクスウェル方程式をここに再掲しておくことにしますと，次に示す通りです．

$$\mathrm{rot}\,\boldsymbol{H}(\boldsymbol{x},t) - \frac{\partial \boldsymbol{D}(\boldsymbol{x},t)}{\partial t} = \boldsymbol{i}(\boldsymbol{x},t) \tag{4.57}$$

$$\mathrm{rot}\,\boldsymbol{E}(\boldsymbol{x},t) + \frac{\partial \boldsymbol{B}(\boldsymbol{x},t)}{\partial t} = \boldsymbol{0} \tag{4.58}$$

$$\mathrm{div}\,\boldsymbol{D}(\boldsymbol{x},t) = \rho(\boldsymbol{x},t) \tag{4.59}$$

$$\mathrm{div}\,\boldsymbol{B}(\boldsymbol{x},t) = 0 \tag{4.60}$$

そして，時間変化がある場合の電場 $\boldsymbol{E}(\boldsymbol{x},t)$ と磁場 $\boldsymbol{B}(\boldsymbol{x},t)$（ここでは磁束密度 $\boldsymbol{B}$ を磁場と呼びます）を電磁ポテンシャルと呼ばれるベクトルポテンシャル $\boldsymbol{A}(\boldsymbol{x},t)$ とスカラーポテンシャル $\phi(\boldsymbol{x},t)$ を用いて置き換えておきましょう．まず，時間変化がないときの電場 $\boldsymbol{E}$ は電位 V の勾配を使って，$\boldsymbol{E}(\boldsymbol{x}) = -\,\mathrm{grad}\,V$ と表されます．V は位置のポテンシャル $\phi(\boldsymbol{x})$ と等しいので，電場 $\boldsymbol{E}(\boldsymbol{x})$ は $\phi(\boldsymbol{x})$ を使うと次の式で表されます．

$$\boldsymbol{E}(\boldsymbol{x}) = -\,\mathrm{grad}\,\phi(\boldsymbol{x}) \tag{4.61}$$

この式の $\phi(\boldsymbol{x})$ は時間変化がないときのスカラーポテンシャルです．

さて，時間変化がある場合の電場 $\boldsymbol{E}(\boldsymbol{x},t)$ と磁場 $\boldsymbol{B}(\boldsymbol{x},t)$ ですが，まず磁場 $\boldsymbol{B}(\boldsymbol{x},t)$ はベクトルポテンシャルと呼ばれるベクトル量 $\boldsymbol{A}(\boldsymbol{x},t)$ を使って，次の式で表されます（付録 B.5 節参照）．

$$\boldsymbol{B}(\boldsymbol{x},t) = \mathrm{rot}\,\boldsymbol{A}(\boldsymbol{x},t) \tag{4.62}$$

ここで，断っておきますと，ベクトルポテンシャル $\boldsymbol{A}(\boldsymbol{x},t)$ とスカラーポテンシャル $\phi(\boldsymbol{x},t)$ は，あわせて電磁ポテンシャルとも呼ばれます．そこで，ここでも慣例に従って，ともに電磁ポテンシャルとも呼ぶことにします．

$\mathrm{div}\,\mathrm{rot}\,\boldsymbol{A}$ は，第 3 章で演習問題の問 3-4 でも示したように，0 になります．すると，$\mathrm{div}\,\mathrm{rot}\,\boldsymbol{A} = 0$（すなわち，$\mathrm{div}\,\boldsymbol{B} = 0$）の関係が成り立つので，式 (4.62) はマクスウェル方程式の式 (4.60) を書き換えたものと見なすことができます．

この式 (4.62) をマクスウェル方程式の中のファラデーの電磁誘導の式の式 (4.58) に代入すると，次の式が得られます．

$$\mathrm{rot}\,\boldsymbol{E}(\boldsymbol{x},t) + \mathrm{rot}\,\frac{\partial \boldsymbol{A}(\boldsymbol{x},t)}{\partial t} = \boldsymbol{0} \tag{4.63}$$

そして，rot の記号を前に出し，これでくくって書き換えると，この式 (4.63) は次のようになります．

$$\mathrm{rot}\left\{\boldsymbol{E}(\boldsymbol{x},t) + \frac{\partial \boldsymbol{A}(\boldsymbol{x},t)}{\partial t}\right\} = \boldsymbol{0} \tag{4.64}$$

この式 (4.64) の rot の括弧の中を，時間変化があるときの $\phi(\boldsymbol{x},t)$ を使って，次のように

$$\boldsymbol{E}(\boldsymbol{x},t) + \frac{\partial \boldsymbol{A}(\boldsymbol{x},t)}{\partial t} = -\,\mathrm{grad}\,\phi(\boldsymbol{x},t) \tag{4.65}$$

とおくと，式 (4.64) の等式は常にみたされます．なぜなら，式 (4.65) の右辺の $\mathrm{grad}\,\phi(\boldsymbol{x},t)$ の rot をとると，次の式で示すように $\boldsymbol{0}$ になるからです．

$$\mathrm{rot}\,\mathrm{grad}\,\phi(\boldsymbol{x},t) = \boldsymbol{0} \tag{4.66}$$

すなわち，Column 4-3 に示すように，式 (4.66) の関係は任意の $\phi(\boldsymbol{x},t)$ に対して成り立ちます．

Column 4-3 式 (4.66) が成り立つことの証明

ここでは変数の座標は省略して $\phi(\boldsymbol{x},t)$ は ϕ と書くことにします．すると，

$$
\begin{aligned}
&\operatorname{rot}\operatorname{grad}\phi = \nabla \times \nabla\phi \\
&= \left(\frac{\partial}{\partial x}\boldsymbol{i} + \frac{\partial}{\partial y}\boldsymbol{j} + \frac{\partial}{\partial z}\boldsymbol{k}\right) \times \left(\frac{\partial\phi}{\partial x}\boldsymbol{i} + \frac{\partial\phi}{\partial y}\boldsymbol{j} + \frac{\partial\phi}{\partial z}\boldsymbol{k}\right) \\
&= \left(\frac{\partial^2\phi}{\partial z\partial y} - \frac{\partial^2\phi}{\partial y\partial z}\right)\boldsymbol{i} + \left(\frac{\partial^2\phi}{\partial z\partial x} - \frac{\partial^2\phi}{\partial x\partial z}\right)\boldsymbol{j} + \left(\frac{\partial^2\phi}{\partial x\partial y} - \frac{\partial^2\phi}{\partial y\partial x}\right)\boldsymbol{k} \\
&= \boldsymbol{0}
\end{aligned}
$$

したがって，時間変化があるときの電場 $\boldsymbol{E}(\boldsymbol{x},t)$ は，式 (4.65) の関係を使って，次の式で表すことができます．

$$\boldsymbol{E}(\boldsymbol{x},t) = -\frac{\partial \boldsymbol{A}(\boldsymbol{x},t)}{\partial t} - \operatorname{grad}\phi(\boldsymbol{x},t) \tag{4.67}$$

以上の結果，マクスウェル方程式の式 (4.58) と式 (4.60) は，この式 (4.67) と式 (4.62) で表されたことになります．つまり，式 (4.67) はファラデーの電磁誘導の式になっているのです．事実，マクスウェルは彼の著書ではファラデーの電磁誘導の式として，この式 (4.67) を使っています．

これ以降も上記のマクスウェル方程式の中の式 (4.57～59) の各式も使いますが，式 (4.60) の磁場に関するガウスの法則の式は式 (4.62) で表されるので，必然的に使う必要がなくなります．

4.2.2 電磁ポテンシャルを使った体系的な偏微分方程式

ここでは前もって，これから導く電磁ポテンシャルを使った偏微分方程式を示しておきますと，これから導く方程式は，次に示すように3個の偏微分方程式になります．これ以降は座標の $(\boldsymbol{x},t)$ は省略することにします．

$$\left(\Delta - \varepsilon\mu\frac{\partial^2}{\partial t^2}\right)\boldsymbol{A}^* = -\mu\boldsymbol{i} \tag{4.68}$$

$$\left(\Delta - \varepsilon\mu\frac{\partial^2}{\partial t^2}\right)\phi^* = -\frac{\rho}{\varepsilon} \tag{4.69}$$

$$\mathrm{div}\,\boldsymbol{A}^* + \varepsilon\mu\frac{\partial^2\phi^*}{\partial t^2} = 0 \tag{4.70}$$

ここで，式 (4.68)，式 (4.69)，および式 (4.70) に使った関数 $\boldsymbol{A}^*$ と関数 ϕ^* はあとで示すように，電磁ポテンシャルの $\boldsymbol{A}$ と ϕ に付加項を加えたものです．これらの方程式 (4.68, 69, 70) を解いて $\boldsymbol{A}^*$ と ϕ^* を求めれば，あとで示す理由によって，これらの $\boldsymbol{A}^*$ と ϕ^* を使って電場 $\boldsymbol{E}$ と磁場 $\boldsymbol{B}$ を求めることができるのです．すなわち，式 (4.62) と式 (4.67) の $\boldsymbol{A}$ と ϕ の代わりに，それぞれ $\boldsymbol{A}^*$ と ϕ^* を代入すると，これらの式から電場 $\boldsymbol{E}$ と磁場 $\boldsymbol{B}$ を一義的に決めることができるのです．したがって，これらの偏微分方程式 (4.68)，式 (4.69)，および式 (4.70) は，マクスウェル方程式と比べると電磁場を求めるには，はるかに見通しのよい式になっているのです．

すでに気づいた読者もおられると思いますが，式 (4.68) と式 (4.69) は，第 4.1.2 節で求めた電場 $\boldsymbol{E}$ と磁場 $\boldsymbol{B}$ の波動方程式の式 (4.11) と式 (4.14) と同じような形をしています．ことに，自由空間の中の電磁場の場合と同じように，電荷密度 ρ を 0，電流 $\boldsymbol{i}$ を $\boldsymbol{0}$ とおきますと，式 (4.68) と式 (4.69) は式 (4.11) および式 (4.14) と全く同じ形になります．

実は，電場 $\boldsymbol{E}$ と磁場 $\boldsymbol{B}$ の波動方程式はここで述べる電磁ポテンシャルを使った偏微分方程式を使っても導くことはできるのです．この事実を知れば，“そうだったのか！”と，電磁ポテンシャルの偏微分方程式に親近感を覚えるようになる人もあるのではないでしょうか．

さて，この節の主題は電磁ポテンシャルを使った方程式を導くことですので，次に，式 (4.68)，式 (4.69)，および式 (4.70) を具体的に導きましょう．それにはまずマクスウェル方程式の式の中の，アンペール－マクスウェルの法則の式 (4.57) と電場に関するガウスの法則の式 (4.59) を使います．

式 (4.57) では，変数として磁場 $\boldsymbol{H}$ と電束密度 $\boldsymbol{D}$ が使われています．また，式 (4.59) でも電束密度 $\boldsymbol{D}$ が使われています．しかし．ここでは磁場として磁束密度の $\boldsymbol{B}$，電場として $\boldsymbol{E}$ が必要です．だから，$\boldsymbol{H}$ と $\boldsymbol{D}$ をそれぞれ $\boldsymbol{B}$ と $\boldsymbol{E}$ に変更する必要があります．そこで，$\mu\boldsymbol{H} = \boldsymbol{B}$ の関係を使って，

式 (4.57) を次のように書き換えることにします.

$$\mathrm{rot}\,\boldsymbol{B} = \varepsilon\mu\frac{\partial \boldsymbol{E}}{\partial t} + \mu\boldsymbol{i} \tag{4.71}$$

また，$\varepsilon\boldsymbol{E} = \boldsymbol{D}$ の関係を使って，式 (4.59) を電場 $\boldsymbol{E}$ の入った，次の式に書き直すことにします.

$$\mathrm{div}\,\boldsymbol{E} = \frac{1}{\varepsilon}\rho \tag{4.72}$$

以上で書き換えが終わったので，磁場 $\boldsymbol{B}$ を使って書き換えたアンペール－マクスウェルの法則の式 (4.71) に，式 (4.62) の磁場 $\boldsymbol{B}$ と式 (4.67) の電場 $\boldsymbol{E}$ を代入すると，次の式が得られます.

$$\mathrm{rot}\,\mathrm{rot}\,\boldsymbol{A} = -\varepsilon\mu\frac{\partial^2 \boldsymbol{A}}{\partial t^2} - \varepsilon\mu\frac{\partial}{\partial t}\,\mathrm{grad}\,\phi + \mu\boldsymbol{i} \tag{4.73}$$

ここで，式 (4.8) の公式

$$\mathrm{rot}\,\mathrm{rot}\,\boldsymbol{E} = \mathrm{grad}\,\mathrm{div}\,\boldsymbol{E} - \Delta\boldsymbol{E}$$

を使うと，この式 (4.73) から次の式が導けます.

$$-\,\mathrm{grad}\,\mathrm{div}\,\boldsymbol{A} + \Delta\boldsymbol{A} - \varepsilon\mu\frac{\partial^2 \boldsymbol{A}}{\partial t^2} - \varepsilon\mu\frac{\partial}{\partial t}\,\mathrm{grad}\,\phi + \mu\boldsymbol{i} = \boldsymbol{0} \tag{4.74}$$

$$\therefore\quad \left(\Delta - \varepsilon\mu\frac{\partial^2}{\partial t^2}\right)\boldsymbol{A} - \mathrm{grad}(\mathrm{div}\,\boldsymbol{A} + \varepsilon\mu\frac{\partial \phi}{\partial t}) = -\mu\boldsymbol{i} \tag{4.75}$$

次に，式 (4.67) の電場 $\boldsymbol{E}$ を電場に関するガウスの法則の式 (4.72) に代入すると，次のようになります.

$$\mathrm{div}\left(-\frac{\partial \boldsymbol{A}}{\partial t} - \mathrm{grad}\,\phi\right) = \frac{\rho}{\varepsilon} \tag{4.76a}$$

ここで，Column 4-4 に示した div grad の演算結果を使うと，この式 (4.76a) は次のように書けます.

$$\mathrm{div}\,\frac{\partial \boldsymbol{A}}{\partial t} + \Delta\phi = -\frac{\rho}{\varepsilon} \tag{4.76b}$$

Column 4-4 $\mathrm{div}\,\mathrm{grad}\,\phi$ の演算について

$\mathrm{div}\,\mathrm{grad}\,\phi$ の演算はナブラ記号 ∇ を使うと，次のようになります．

$$\nabla \cdot \nabla\phi = \left(\frac{\partial}{\partial x}\boldsymbol{i} + \frac{\partial}{\partial y}\boldsymbol{j} + \frac{\partial}{\partial z}\boldsymbol{k}\right) \cdot \left(\frac{\partial\phi}{\partial x}\boldsymbol{i} + \frac{\partial\phi}{\partial y}\boldsymbol{j} + \frac{\partial\phi}{\partial z}\boldsymbol{k}\right)$$
$$\to \quad \left(\frac{\partial^2}{\partial x^2} + \frac{\partial^2}{\partial y^2} + \frac{\partial^2}{\partial z^2}\right)\phi = \Delta\phi \qquad \text{(C4.5)}$$

ここで，少し細工して式 (4.76b) の左辺を次のように書き換えます．

$$\mathrm{div}\,\frac{\partial \boldsymbol{A}}{\partial t} + \Delta\phi = \Delta\phi - \varepsilon\mu\frac{\partial^2\phi}{\partial t^2} + \frac{\partial}{\partial t}\,\mathrm{div}\,\boldsymbol{A} + \varepsilon\mu\frac{\partial^2\phi}{\partial t^2}$$

そして，ϕ の関数の右辺の前の 2 項を括弧を使ってまとめると，次の式が得られます．

$$\mathrm{div}\,\frac{\partial \boldsymbol{A}}{\partial t} + \Delta\phi = \left(\Delta - \varepsilon\mu\frac{\partial^2}{\partial t^2}\right)\phi + \frac{\partial}{\partial t}\,\mathrm{div}\,\boldsymbol{A} + \varepsilon\mu\frac{\partial^2\phi}{\partial t^2} \qquad (4.77)$$

この式 (4.77) を使うと，式 (4.76b) は次のように書けます．

$$\left(\Delta - \varepsilon\mu\frac{\partial^2}{\partial t^2}\right)\phi + \frac{\partial}{\partial t}\left(\mathrm{div}\,\boldsymbol{A} + \varepsilon\mu\frac{\partial\phi}{\partial t}\right) = -\frac{\rho}{\varepsilon} \qquad (4.78)$$

こうして得られた式 (4.75) と式 (4.78) は，$\boldsymbol{A}$ と ϕ の偏微分方程式になっています．ですから，これらの二つの式を連立偏微分方程式と見なして解き，$\boldsymbol{A}$ と ϕ を求め，これらを式 (4.62) と式 (4.67) に代入すれば磁場 $\boldsymbol{B}$ と電場 $\boldsymbol{E}$ を求めることができます．原理的には確かにその通りなのですが，実際にはこの操作を実行して解を得るのは簡単でないことが知られています．そこで，式 (4.75) と式 (4.78) を書き換えて，それぞれ $\boldsymbol{A}$ と ϕ だけの偏微分方程式を作る工夫をすることにします．

まず，式 (4.75) と式 (4.78) を連立させて解き，1 組の解が $\boldsymbol{A}$ と ϕ であるとわかったと仮定して，それぞれ $\boldsymbol{A}$ と ϕ に，次のように任意の関数 χ を付加項として加えて，次の $\boldsymbol{A}^*$ と ϕ^* を新しく作ります．

$$\boldsymbol{A}^* = \boldsymbol{A} + \mathrm{grad}\,\chi, \quad \phi^* = \phi - \frac{\partial \chi}{\partial t} \tag{4.79}$$

そして，この式 (4.79) の χ は，次の偏微分方程式をみたす関数であると仮定します．

$$\left(\Delta - \varepsilon\mu\frac{\partial^2}{\partial t^2}\right)\chi = -\left(\mathrm{div}\,\boldsymbol{A} + \varepsilon\mu\frac{\partial \phi}{\partial t}\right) \tag{4.80}$$

そうすると，$\mathrm{div}\,\boldsymbol{A}^* + \varepsilon\mu\dfrac{\partial \phi^*}{\partial t}$ は，この式 (4.80) が成り立つので，次の式で示すように 0 になります．

$$\begin{aligned}
&\mathrm{div}\,\boldsymbol{A}^* + \varepsilon\mu\frac{\partial \phi^*}{\partial t} \\
&\quad = \mathrm{div}\,\boldsymbol{A} + \mathrm{div}\,\mathrm{grad}\,\chi + \varepsilon\mu\frac{\partial \phi}{\partial t} - \varepsilon\mu\frac{\partial^2 \chi}{\partial t^2} \\
&\quad = \mathrm{div}\,\boldsymbol{A} + \Delta\chi + \varepsilon\mu\frac{\partial \phi}{\partial t} - \varepsilon\mu\frac{\partial^2 \chi}{\partial t^2} = 0
\end{aligned}$$

したがって，次の式が成立することがわかります．

$$\mathrm{div}\,\boldsymbol{A}^* + \varepsilon\mu\frac{\partial \phi^*}{\partial t} = 0 \tag{4.81}$$

そして，式 (4.79) の関係式を使うと，$\boldsymbol{A}$ と ϕ は

$$\boldsymbol{A} = \boldsymbol{A}^* - \mathrm{grad}\,\chi, \quad \phi = \phi^* + \frac{\partial \chi}{\partial t} \tag{4.82}$$

と表せるので，これらの式 (4.82) を使うと，式 (4.75) は次のように計算できます．

$$\begin{aligned}
&\left(\Delta - \varepsilon\mu\frac{\partial^2}{\partial t^2}\right)(\boldsymbol{A}^* - \mathrm{grad}\,\chi) \\
&\quad - \mathrm{grad}\left(\mathrm{div}\,\boldsymbol{A}^* - \mathrm{div}\,\mathrm{grad}\,\chi + \varepsilon\mu\frac{\partial \phi^*}{\partial t} + \varepsilon\mu\frac{\partial^2 \chi^*}{\partial t^2}\right) \\
&\qquad = -\mu\boldsymbol{i}
\end{aligned} \tag{4.83}$$

この式の左辺は Column 4-5 の式 (C4.7) に示すように $\left(\Delta - \varepsilon\mu\dfrac{\partial^2}{\partial t^2}\right)\boldsymbol{A}^*$ となるので，この式 (4.83) から次の偏微分方程式を導くことができます．

$$\left(\Delta - \varepsilon\mu\frac{\partial^2}{\partial t^2}\right)\boldsymbol{A}^* = -\mu\boldsymbol{i} \tag{4.84}$$

この式は，最初に記載した式 (4.68) と同じですので，ベクトルポテンシャル $\boldsymbol{A}$ についての式が導かれたことになります．

Column 4-5 式 (4.83) の左辺の演算と式 (4.85) を算出する演算

まず，式 (4.83) の左辺の演算は次のようになります．

$$\begin{aligned}&\text{式 (4.83) の左辺}\\&= \left(\Delta - \varepsilon\mu\frac{\partial^2}{\partial t^2}\right)\boldsymbol{A}^* - \left(\Delta - \varepsilon\mu\frac{\partial^2}{\partial t^2}\right)\mathrm{grad}\,\chi\\&\quad - \mathrm{grad}\left(\mathrm{div}\,\boldsymbol{A}^* + \varepsilon\mu\frac{\partial\phi^*}{\partial t}\right) + \mathrm{grad}\left(\left[\Delta - \varepsilon\mu\frac{\partial^2}{\partial t^2}\right]\chi\right)\end{aligned} \tag{C4.6}$$

この式 (C4.6) において，前から 2 番目と 4 番目の項は相殺されてともに消えます．また，3 番目の項の括弧の中は，式 (4.81) に従って 0 になります．したがって，式 (4.83) の左辺で残るのは $\left(\Delta - \varepsilon\mu\frac{\partial^2}{\partial t^2}\right)\boldsymbol{A}^*$ だけになるので，次のようになります．

$$\text{式 (4.83) の左辺} = \left(\Delta - \varepsilon\mu\frac{\partial^2}{\partial t^2}\right)\boldsymbol{A}^* \tag{C4.7}$$

次に，式 (4.85) を算出する演算は，式 (4.78) に式 (4.82) の $\boldsymbol{A}$ と ϕ を代入すると，次の式ができます．すなわち，式 (4.78) の左辺は次のようになります．

$$\begin{aligned}&\left(\Delta - \varepsilon\mu\frac{\partial^2}{\partial t^2}\right)\left(\phi^* + \frac{\partial\chi}{\partial t}\right) +\\&\quad\frac{\partial}{\partial t}(\mathrm{div}\,\boldsymbol{A}^* - \mathrm{div}\,\mathrm{grad}\,\chi + \varepsilon\mu\frac{\partial\phi^*}{\partial t} + \varepsilon\mu\frac{\partial^2\chi}{\partial t^2})\\&= \left(\Delta - \varepsilon\mu\frac{\partial^2}{\partial t^2}\right)\phi^* + \left(\Delta - \varepsilon\mu\frac{\partial^2}{\partial t^2}\right)\frac{\partial\chi}{\partial t}\\&\quad + \frac{\partial}{\partial t}\left(\mathrm{div}\,\boldsymbol{A}^* - \Delta\chi + \varepsilon\mu\frac{\partial\phi^*}{\partial t} + \varepsilon\mu\frac{\partial^2\chi}{\partial t^2}\right)\\&= \left(\Delta - \varepsilon\mu\frac{\partial^2}{\partial t^2}\right)\phi^* + \left(\Delta - \varepsilon\mu\frac{\partial^2}{\partial t^2}\right)\frac{\partial\chi}{\partial t}\end{aligned}$$

$$+\frac{\partial}{\partial t}\left(\operatorname{div}\boldsymbol{A}^* + \varepsilon\mu\frac{\partial\phi^*}{\partial t}\right) - \frac{\partial\chi}{\partial t}\left(\Delta - \varepsilon\mu\frac{\partial^2}{\partial t^2}\right)$$

最後の式において，第 2 項と第 4 項は相殺されます．第 3 項は式 (4.81) によって 0 になり消えますので，残るのは第 1 項の $\left(\Delta - \varepsilon\mu\frac{\partial^2}{\partial t^2}\right)\phi^*$ のみです．したがって，この左辺の式は，(式 (4.78) の右辺) $-\frac{\rho}{\varepsilon}$ と等しいので，次の式が得られます．

$$\left(\Delta - \varepsilon\mu\frac{\partial^2}{\partial t^2}\right)\phi^* = -\frac{\rho}{\varepsilon} \tag{C4.8}$$

次に，式 (4.78) に式 (4.82) の $\boldsymbol{A}$ と ϕ を代入して演算すると，Column 4-5 の式 (C4.8) に示すように，次の式が得られます．

$$\left(\Delta - \varepsilon\mu\frac{\partial^2}{\partial t^2}\right)\phi^* = -\frac{\rho}{\varepsilon} \tag{4.85}$$

この式 (4.85) は最初に記載した式 (4.69) と同じですので，スカラーポテンシャル ϕ についての偏微分方程式も導くことができました．

式 (4.84) は，ベクトルポテンシャル $\boldsymbol{A}$ に関連する偏微分方程式ですから，$\boldsymbol{A}^*$ のベクトルを x，y，z 成分に分けると 3 個の偏微分方程式になります．また，式 (4.85) では ϕ^* はスカラーですから 1 個の式のままです．したがって，都合 4 個の偏微分方程式ができますが，これらはすべて未知の関数が 1 個だけの独立の偏微分方程式になりますので，4 個の式はそれぞれ独立に解くことができます．

これらの 4 個の式を解くことによって変形したベクトルポテンシャル $\boldsymbol{A}^*$ とスカラーポテンシャル ϕ^* が決まります．そして，これらの解が式 (4.81) の条件をみたしているかどうかを検証して，この検証に合格しますと，これらの $\boldsymbol{A}^*$ と ϕ^* を用いて次に示す式を使って電場 $\boldsymbol{E}$ と磁場 $\boldsymbol{B}$ を求めることができます．すなわち式 (4.62) と式 (4.67) の $\boldsymbol{A}$ を $\boldsymbol{A}^*$ に読み替え，式 (4.67) の ϕ を ϕ^* に読み替えた，それぞれ次の式を使って，電場 $\boldsymbol{E}$ と磁場 $\boldsymbol{B}$ を求めることができます．

$$\boldsymbol{B}(x,t) = \operatorname{rot}\boldsymbol{A}^*(x,t) \tag{4.86}$$

$$\boldsymbol{E}(x,t) = -\frac{\partial \boldsymbol{A}^*(x,t)}{\partial t} - \mathrm{grad}\,\phi^*(x,t) \tag{4.87}$$

実は，式 (4.79) に示した，$\boldsymbol{A}$ と ϕ をそれぞれ $\boldsymbol{A}^*$ と ϕ^* に変更する変換は Column 4-6 で説明するようにゲージ変換と呼ばれ，このゲージ変換によっては電場 $\boldsymbol{E}$ と磁場 $\boldsymbol{B}$ の値の変化は起こらないという定理があるのです．このために，$\boldsymbol{A}^*$ と ϕ^* を上記の式 (4.86) および式 (4.87) に代入することによって，磁場 $\boldsymbol{B}$ と電場 $\boldsymbol{E}$ を求めることができるのです．

こうして，一般の課題の場合に，（マクスウェル方程式を書き換えて作った）電磁ポテンシャルの式を使って電場 $\boldsymbol{E}$ と磁場 $\boldsymbol{B}$ が求められることがわかります．

なお，ここで使った式 (4.81) で表される条件式はローレンツ条件と呼ばれます．そして，$\boldsymbol{A}^*$ と ϕ^* はこの条件をみたしているので，ローレンツ・ゲージにおける電磁ポテンシャルと呼ばれます．

Column 4-6 ゲージ変換について

電磁ポテンシャル $\boldsymbol{A}$ と ϕ には，任意性のある λ を任意のスカラー関数とするとき，$\boldsymbol{A}$ を $\boldsymbol{A} + \mathrm{grad}\,\lambda$ に，ϕ を $\phi - \dfrac{\partial \lambda}{\partial t}$ に変換しても，電磁ポテンシャルを使って求められる電場 $\boldsymbol{E}$ と磁場 $\boldsymbol{B}$ は，変換前後のいずれを使っても変わらないという性質があります．λ を使ったこの変換はゲージ変換と呼ばれ，λ はゲージまたはゲージ関数と呼ばれます．ゲージ変換には，$\mathrm{div}\,\boldsymbol{A} = 0$ の条件を要求するクーロン・ゲージと，（ここで使った）式 (4.81) の条件を要求するローレンツ・ゲージがあります．

演習問題 Problems

問 4-1 真空中の誘電率 ε_0 と透磁率 μ_0 を使って，光の速度 c の値を計算して求めてみよ．

問 4-2 変位電流がなければマクスウェル方程式から波動方程式を導くことはでき

ない．変位電流が存在しないという条件でマクスウェル方程式から導けるのはラプラス方程式（$\Delta \boldsymbol{E} = \boldsymbol{0}$）である．空気中に電荷（密度）も電流（密度）も存在しないという条件で，このことを，数式を使って示して説明せよ．

問 4-3 $E_x = E_0 \sin \omega \left(t - \dfrac{z}{v}\right)$ が 1 次元の波動方程式の解であることを示せ．

問 4-4 $\mathrm{rot}\,\mathrm{grad}\,\chi = \boldsymbol{0}$ の関係が成り立つことを示せ．ただし，χ はスカラー関数である．

問 4-5 公式 $\mathrm{rot}\,\mathrm{rot}\,\boldsymbol{A} = \mathrm{grad}\,\mathrm{div}\,\boldsymbol{A} - \Delta \boldsymbol{A}$ は本文では証明することなしに使ったが，一度証明しておいたほうが，この公式を自信を持って使える．この公式はナブラ記号 ∇ を使うと，

$$\nabla \times \nabla \times \boldsymbol{A} = (\nabla \cdot \boldsymbol{A})\nabla - (\nabla \cdot \nabla)\boldsymbol{A}$$

と書ける．∇ $\left(= \dfrac{\partial}{\partial x}\boldsymbol{i} + \dfrac{\partial}{\partial y}\boldsymbol{j} + \dfrac{\partial}{\partial z}\boldsymbol{k}\right)$ を使って証明してもよいが，煩雑なので，別の方法を考えよう．この公式は，内容的にはベクトルの三重積の公式 $\boldsymbol{A} \times \boldsymbol{B} \times \boldsymbol{C} = (\boldsymbol{A} \cdot \boldsymbol{C})\boldsymbol{B} - (\boldsymbol{A} \cdot \boldsymbol{B})\boldsymbol{C}$ と同じ意味である．そこで，上記の公式の証明の代わりに，このベクトルの三重積が成り立つことを具体的に証明せよ．

解答 Solutions

答 4-1 光の速度 c と，真空中の誘電率 ε_0 および透磁率 μ_0 の関係は，本文の式 (4.24) に従って $c = \dfrac{1}{\sqrt{\varepsilon_0 \mu_0}}$ となる．誘電率 ε_0 と透磁率 μ_0 は，それぞれ $\varepsilon_0 = 8.855 \times 10^{-12}$ [F/m]，$\mu_0 = 1.257 \times 10^{-6}$ [H/m] なので，$\varepsilon_0 \mu_0 = 11.13 \times 10^{-18}$ [F・H/m^2] となる．[F・H] = [C/V][V・s/A] = [A・s/V][V・s/A] = [s^2] という関係を使うと，単位の [F・H/m^2] は [s^2/m^2]，すなわち速度の 2 乗の単位の逆数である．逆数の平方根をとると $\sqrt{\varepsilon_0 \mu_0} = 3.336 \times 10^{-9}$ [s/m] となり，光速度 c $\left(= \dfrac{1}{\sqrt{\varepsilon_0 \mu_0}}\right)$ は $c = 2.997$ [m/s] と計算できる．

答 4-2 変位電流が存在しなければ，空気中に電荷（密度）も電流（密度）も存在しない条件では，座標を省略して書くと，マクスウェル方程式は $\mathrm{rot}\,\boldsymbol{H} = \boldsymbol{0}$, $\mathrm{rot}\,\boldsymbol{E} + \dfrac{\partial \boldsymbol{B}}{\partial t} = \boldsymbol{0}$, $\mathrm{div}\,\boldsymbol{D} = 0$, $\mathrm{div}\,\boldsymbol{B} = 0$ となる．$\mu_0 \boldsymbol{H} = \boldsymbol{B}$ の関係を使うと，マクスウェル方程式の第 1 式は $\mathrm{rot}\,\boldsymbol{B} = \boldsymbol{0}$ となる．第 2 式も両辺の rot をとると，$\mathrm{rot}\,\mathrm{rot}\,\boldsymbol{E} + \dfrac{\partial}{\partial t}(\mathrm{rot}\,\boldsymbol{B}) = \boldsymbol{0}$ となるので，$\mathrm{rot}\,\boldsymbol{B} = \boldsymbol{0}$ の関係を使うと，$\mathrm{rot}\,\mathrm{rot}\,\boldsymbol{E} = \boldsymbol{0}$ となる．次に，公式 $\mathrm{rot}\,\mathrm{rot}\,\boldsymbol{E} = \mathrm{grad}\,\mathrm{div}\,\boldsymbol{E} - \Delta \boldsymbol{E}$ を使うと，第 3 式より $\mathrm{div}\,\boldsymbol{E} = 0$ だから，$\mathrm{rot}\,\mathrm{rot}\,\boldsymbol{E} = \Delta \boldsymbol{E} = \boldsymbol{0}$ の関係が得られる．つまり，ラプラス方程式 $\Delta \boldsymbol{E} = \boldsymbol{0}$ が成り立つことがわかる．しかし，この式が成り立つだけである．だから，変位電流 $\dfrac{\partial \boldsymbol{D}}{\partial t}$ が存在しなければ電場 $\boldsymbol{E}$ に関する波動方程式を導くことはできないことがわかる．

答 4-3 本文の 1 次元の波動方程式 $\dfrac{\partial^2 E_x(z,t)}{\partial z^2} = \varepsilon_0\mu_0 \dfrac{\partial^2 E_x(x,t)}{\partial t^2}$ に，題意の式 $E_x = E_0 \sin\omega\left(t - \dfrac{z}{v}\right)$ を代入すると，左辺は座標を省略して書くと，$\dfrac{\partial^2 E_x}{\partial z^2} = -\left(\dfrac{\omega}{v}\right)^2 E_0 \sin\omega\left(t - \dfrac{z}{v}\right)$ となる．また，右辺の $\dfrac{\partial^2 E_x(x,t)}{\partial t^2}$ は $\dfrac{\partial^2 E_x}{\partial t^2} = -\omega^2 E_0 \sin\omega\left(t - \dfrac{z}{v}\right)$ となるので，右辺は $\varepsilon_0\mu_0 \dfrac{\partial^2 E_x}{\partial t^2} = -\varepsilon_0\mu_0\omega^2 E_0 \sin\omega\left(t - \dfrac{z}{v}\right)$ となる．$\varepsilon_0\mu_0$ は本文の式 (4.23) により $\dfrac{1}{v^2}$ となるので，結局右辺の係数は $\varepsilon_0\mu_0\omega^2 \to \left(\dfrac{\omega}{v}\right)^2$ となる．したがって，左辺 = 右辺の関係が成り立つので，題意の関数は波動方程式の解になることがわかる．

答 4-4 $\mathrm{rot}\,\mathrm{grad}\,\chi = \mathbf{0}$ の左辺はナブラ記号 ∇ を使って書くと，$\mathrm{rot}\,\mathrm{grad}\,\chi = \nabla \times \nabla\chi$ となる．これを計算すると，

$$
\begin{aligned}
\nabla \times \nabla\chi &= \left(\frac{\partial}{\partial x}\boldsymbol{i} + \frac{\partial}{\partial y}\boldsymbol{j} + \frac{\partial}{\partial z}\boldsymbol{k}\right) \times \left(\frac{\partial \chi}{\partial x}\boldsymbol{i} + \frac{\partial \chi}{\partial y}\boldsymbol{j} + \frac{\partial \chi}{\partial z}\boldsymbol{k}\right) \\
&= \left(\frac{\partial^2 \chi}{\partial y \partial z} - \frac{\partial^2 \chi}{\partial z \partial y}\right)\boldsymbol{i} + \left(\frac{\partial^2 \chi}{\partial z \partial x} - \frac{\partial^2 \chi}{\partial x \partial z}\right)\boldsymbol{j} + \left(\frac{\partial^2 \chi}{\partial x \partial y} - \frac{\partial^2 \chi}{\partial y \partial x}\right)\boldsymbol{k} \\
&= \mathbf{0}
\end{aligned}
$$

となり，証明できた．なお，偏微分の順序は逆にしても式の値は同じになる．

答 4-5 $\boldsymbol{A} = A_x\boldsymbol{i} + A_y\boldsymbol{j} + A_z\boldsymbol{k}$, $\boldsymbol{B} = B_x\boldsymbol{i} + B_y\boldsymbol{j} + B_z\boldsymbol{k}$, $\boldsymbol{C} = C_x\boldsymbol{i} + C_y\boldsymbol{j} + C_z\boldsymbol{k}$ とおくと，左辺のベクトル三重積 $\boldsymbol{A} \times \boldsymbol{B} \times \boldsymbol{C}$ は次のように計算できる．

$$
\begin{aligned}
\boldsymbol{B} \times \boldsymbol{C} &= (B_x\boldsymbol{i} + B_y\boldsymbol{j} + B_z\boldsymbol{k}) \times (C_x\boldsymbol{i} + C_y\boldsymbol{j} + C_z\boldsymbol{k}) \\
&= (B_xC_y - B_yC_x)\boldsymbol{k} + (B_zC_x - B_xC_z)\boldsymbol{j} + (B_yC_z - B_zC_y)\boldsymbol{i}, \\
\boldsymbol{A} \times \boldsymbol{B} \times \boldsymbol{C} &= (A_x\boldsymbol{i} + A_y\boldsymbol{j} + A_z\boldsymbol{k}) \\
&\quad \times \{(B_xC_y - B_yC_x)\boldsymbol{k} + (B_zC_x - B_xC_z)\boldsymbol{j} + (B_yC_z - B_zC_y)\boldsymbol{i}\} \\
&= (A_yB_xC_y - A_yB_yC_x - A_zB_zC_x + A_zB_xC_z)\boldsymbol{i} \\
&\quad + (A_zB_yC_z - A_zB_zC_y - A_xB_xC_y + A_xB_yC_x)\boldsymbol{j} \\
&\quad + (A_zB_zC_x - A_xB_xC_z - A_yB_yC_z + A_yB_zC_y)\boldsymbol{k}
\end{aligned}
$$

一方，右辺の $(\boldsymbol{A}\cdot\boldsymbol{C})\boldsymbol{B}$ と $(\boldsymbol{A}\cdot\boldsymbol{B})\boldsymbol{C}$ では，まず $(\boldsymbol{A}\cdot\boldsymbol{C})$ と $(\boldsymbol{A}\cdot\boldsymbol{B})$ を次のように演算できる．

$$
\begin{aligned}
(\boldsymbol{A}\cdot\boldsymbol{C}) &= (A_x\boldsymbol{i} + A_y\boldsymbol{j} + A_z\boldsymbol{k}) \cdot (C_x\boldsymbol{i} + C_y\boldsymbol{j} + C_z\boldsymbol{k}) \\
&= A_xC_x + A_yC_y + A_zC_z, \\
(\boldsymbol{A}\cdot\boldsymbol{B}) &= (A_x\boldsymbol{i} + A_y\boldsymbol{j} + A_z\boldsymbol{k}) \cdot (B_x\boldsymbol{i} + B_y\boldsymbol{j} + B_z\boldsymbol{k}) \\
&= A_xB_x + A_yB_y + A_zB_z
\end{aligned}
$$

次に，$(\boldsymbol{A}\cdot\boldsymbol{C})\boldsymbol{B}$ と $(\boldsymbol{A}\cdot\boldsymbol{B})\boldsymbol{C}$ を演算すると，

$$
\begin{aligned}
(\boldsymbol{A}\cdot\boldsymbol{C})\boldsymbol{B} &= (A_xC_x + A_yC_y + A_zC_z)(B_x\boldsymbol{i} + B_y\boldsymbol{j} + B_z\boldsymbol{k}) \\
&= (A_xB_xC_x + A_yB_xC_y + A_zB_xC_z)\boldsymbol{i} \\
&\quad + (A_xB_yC_x + A_yB_yC_y + A_zB_yC_z)\boldsymbol{j} \\
&\quad + (A_xB_zC_x + A_yB_zC_y + A_zB_zC_z)\boldsymbol{k}, \\
(\boldsymbol{A}\cdot\boldsymbol{B})\boldsymbol{C} &= (A_xB_x + A_yB_y + A_zB_z)(C_x\boldsymbol{i} + C_y\boldsymbol{j} + C_z\boldsymbol{k}) \\
&= (A_xB_xC_x + A_yB_yC_x + A_zB_zC_x)\boldsymbol{i} \\
&\quad + (A_xB_xC_y + A_yB_yC_y + A_zB_zC_y)\boldsymbol{j} \\
&\quad + (A_xB_xC_z + A_yB_yC_z + A_zB_zC_z)\boldsymbol{k}
\end{aligned}
$$

となるので，

$$
\begin{aligned}
\therefore\quad & (\boldsymbol{A}\cdot\boldsymbol{C})\boldsymbol{B} - (\boldsymbol{A}\cdot\boldsymbol{B})\boldsymbol{C} \\
&= (A_yB_xC_y - A_yB_yC_x - A_zB_zC_x + A_zB_xC_z)\boldsymbol{i} \\
&\quad + (A_zB_yC_z - A_zB_zC_y - A_xB_xC_y + A_xB_yC_x)\boldsymbol{j} \\
&\quad + (A_zB_zC_x - A_xB_xC_z - A_yB_yC_z + A_yB_zC_y)\boldsymbol{k}
\end{aligned}
$$

となり，右辺＝左辺を示すことができた．以上で証明は終わりである．

終　章

マクスウェル方程式の注目すべき観点

—— 本書のまとめ

まえがき, 序章, そして各章においてもある程度述べましたので, 重複する点もありますが, この終章に重要な事項をまとめて記します. また, マクスウェル方程式が導入されたことによって, 電磁気学や物理学が受けた重要な影響も述べます. この終章の主要な事項は, 電磁場の基になったファラデーの近接作用の考え, 変位電流の電磁場への影響と電磁波存在の "鍵" としての役割, そして体系的な電磁気学の基本式の問題です. これらの個々の事項についてはこれまでも述べて来ましたが, まとめとして少し観点を変えて述べることにします.

MAXWELL'S EQUATIONS CHAPTER SUMMARY

S.1 電場と磁場

◆電場と磁場は，近接作用の考えに従って電荷や電流などの“もの”から生まれた

近接作用の考えを最初に思いついたのはファラデーでした．これは電荷や磁極の存在によって，これらの周囲の空間に電磁場が発生するという概念の始まりでした．こんな驚くべきことを考え付いたファラデーが並の科学者でなかったことは確かですが，彼は理論屋ではなく実験屋でした．しかし，彼は並の実験屋ではなく，天才的な実験屋でした．

ファラデーは実験が巧みであったことはもちろんのことですが，実験結果の優れた考察が並外れていたのです．彼は実験結果を丁寧にノートに記録し，実験結果を深く考察しました．しかし，彼は前にも書きましたように生い立ちが原因で，ろくに学校教育が受けられず，そのために数学の力は極端に低かったといわれています．

現代風に考えると“数学が弱くては理論的な考察などできないだろう？”と考えがちですが，そこがファラデーは違っていました．実験結果の粘り強い繰り返しての観察と実験結果に対する深い洞察によって，数学力の欠如という大きな弱点を完璧に補っているのです．近接作用の考えは，そのようなファラデーの研究態度から生まれた素晴らしい成果です．

ファラデーは，電磁誘導の発見のあと，1935 年ごろ電気分解の研究をしているときに，近接作用の考えが芽生えたと伝えられています．また，静電誘導にも注目しました．この現象は簡単にはプラスとマイナスの電荷の間に働く電気力の作用によって起こりますが，ファラデーはこの電荷の間に働く電気力の作用の仕方に注目しました．

当時，電荷の間に働く力に関しては，すでにクーロンの法則が科学者の間でよく知られていました．電荷の間に働く力はクーロン力によるものだと簡単に考えて片付けるのが普通の科学者の態度です．私も昔は実験屋でしたが，当時の私はそうでしたし，仲間たちもみんなそうでした．クーロン力は二つの電荷の間に力が働きますが，電荷と電荷の間に空間には（見かけ上）何も存在していません．この何も存在しない空間において，クーロン力ではなんらの媒介物もなしに，電荷と電荷の間で直接に力が働くと当時考えられていました．こういう伝わり方をする力は当時直達力といわれました．これは現代流にいうと遠隔作用による力です．

しかし，ファラデーは何も存在しない空間で，電荷と電荷の間に力が働くという考えには賛成できませんでした．物理的に考えて変である，つまり不自然であると考えたのです．そこで，ファラデーは実験事実をさらに詳しく観察しました．ファラデーは電気分解で起こるイオンと電極の間に起こる電気力の働きに注目し，イオンは電極に向かって直線状に進むだけでなしに多くの曲線に沿っても進んでいるのではないかと考えました．この考えは空気中の二つの電荷の間にも適用できるので，ファラデーはこうした電気的な力を伝える曲線を“力線”と名付けました．この力線は電気の場合には電気力線，磁気の場合には磁力線と，このあと呼ばれるようになるのでした．

ファラデーは，“力線によって空間に一種の緊張状態が生まれ，この緊張状態が電荷や磁極の表面から空間に伝わり，さらに隣へ隣へと空間に拡がることによって，電気力が空間を伝わる”と考えました．これがファラデーの気付いた近接作用の考えの始まりです．

力線の様子は文字だけで説明するのは難しいので，磁気の場合の磁力線を図 S.1 に示しました．実は，ファラデーはこの磁気の力線についても詳しく検討したのです．ファラデーは磁気の場合の力線は磁力線と呼んでいますが，彼は磁力線の魅力にとりつかれ，暇さえあれば，図 S.1 に示す磁石の上の薄紙に磁力線が描く模様を飽かずにいつまでも長い時間眺めていたと伝えられています．

ファラデーは力線について，“電荷や磁極から出る力線が空間に作る緊張状態は，空間のある種のゆがみである”という考えを発表しました．この空間のゆがみはもちろん電磁気的なゆがみで，これが空間を伝わって相手の電荷や磁極に達し，二つの電荷と電荷や磁極と磁極の間に力が働くようになると説明したのです．このようにある種の物理的な実体を媒体として力が働くとする考え方は，本文で前にも述べたように近接作用の考え方です．

この近接作用の考えはその後マクスウェルによって受け継がれました．マクスウェルとファラデーはずいぶん歳が離れていますが，二人は親しく交わ

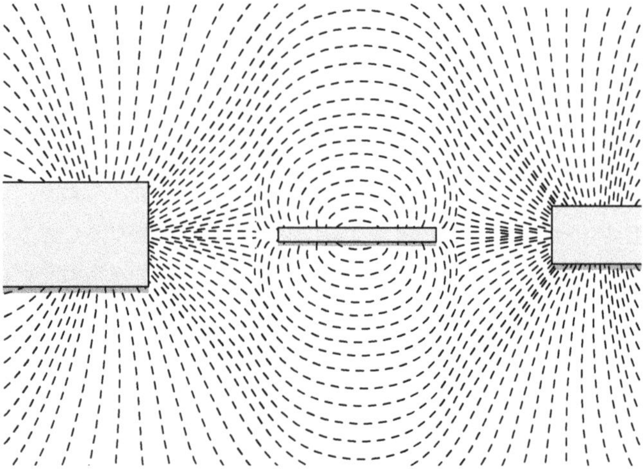

図 S.1 磁石の上の紙に鉄粉が描く磁力線の模様

り，近接作用の考えについて意見を頻繁に交換しています．ファラデーの近接作用の概念を受け継いだマクスウェルはこれを発展させて，電気力線が空間に影響を与えて空間に生じる電気的なゆがみを“電場”，同じく磁力線が空間に影響を与えることによって空間に生まれる磁気的なゆがみを“磁場”，と正式に命名しました．そして，この電場 $\boldsymbol{E}$ と磁場 $\boldsymbol{H}$（または $\boldsymbol{B}$）を使って，電磁気学の基本理論を組み立てたのです．こうして出来上がったのがマクスウェル方程式です．

だから，電場や磁場はファラデーやマクスウェルの近接作用の考えから生まれたものです．そして，ファラデーの近接作用の考えは，最近では物理学で広く使われている，場の概念の始まりでした．ことに量子力学の領域では，場の概念は第二量子化とか場の量子論の分野で広く用いられています．

S.2 変位電流の導入

◆変位電流は電磁場の“もの”からの独立を可能にし，電磁波の存在を保証した

マクスウェルはマクスウェル方程式という体系的な方程式を作るに当たっ

て，時間変化が起こる非定常状態においては，アンペールの法則が電荷の保存則をみたさないことに気付きました．この矛盾を解消するために，すでに述べたように，変位電流を導入しました．

変位電流はこれまで何度も説明したように，電場 $\boldsymbol{E}$ が時間変化することによって生まれる電流です．マクスウェル方程式に変位電流を導入すると，電荷（電荷密度 ρ）や電流（電流密度 $\boldsymbol{i}$）が存在しない空間では，本文でこれまでに示したように，マクスウェル方程式は次の式になります．

$$\mathrm{rot}\,\boldsymbol{E}(\boldsymbol{x},t) = -\frac{\partial \boldsymbol{B}(\boldsymbol{x},t)}{\partial t} \tag{S.1}$$

$$\mathrm{rot}\,\boldsymbol{H}(\boldsymbol{x},t) = \frac{\partial \boldsymbol{D}(\boldsymbol{x},t)}{\partial t} \tag{S.2}$$

$$\mathrm{div}\,\boldsymbol{D}(\boldsymbol{x},t) = 0 \tag{S.3}$$

$$\mathrm{div}\,\boldsymbol{B}(\boldsymbol{x},t) = 0 \tag{S.4}$$

第 1 章に示した電磁気学の基本的な方程式の式 (1.4〜7) においても，電荷（電荷密度 ρ）が存在しない場合にも，式 (1.5) のファラデーの電磁誘導の法則の式があるので，図 S.2(b) に示すように電場 $\boldsymbol{E}(\boldsymbol{x},t)$ は発生します．しかし，電流（電流密度 $\boldsymbol{i}$）が存在しない空間では，式 (1.4) のアンペールの法則の式はありえませんので磁場の発生はありません．

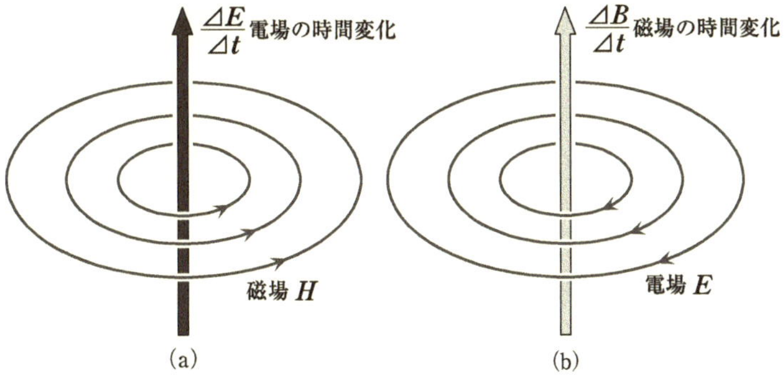

図 S.2 電場の変化による磁場の発生と磁場の変化による電場の発生

しかし，ここに載せたマクスウェル方程式の式 (S.1〜4) を使うと，図

S.2(a) に示すように式 (S.2) から磁場 $\boldsymbol{H}$ が発生します．この式の右辺は電束密度の $\boldsymbol{D}(\boldsymbol{x},t)$ ですが，電束密度 $\boldsymbol{D}$ と電場 $\boldsymbol{E}$ の間には，真空中では $\boldsymbol{D}=\varepsilon_0\boldsymbol{E}$ の関係があるので，式 (S.2) は次のように書き直すことができます．

$$\mathrm{rot}\,\boldsymbol{H}(\boldsymbol{x},t)=\varepsilon_0\frac{\partial \boldsymbol{E}(\boldsymbol{x},t)}{\partial t} \tag{S.5}$$

この式 (S.5) は電流（電流密度 $\boldsymbol{i}$）が存在しなくても，電場 $\boldsymbol{E}(\boldsymbol{x},t)$ の時間変化によって磁場 $\boldsymbol{H}$（磁束密度 $\boldsymbol{B}$）が発生することを表しています．なお，この章でも磁束密度 $\boldsymbol{B}$ を磁場とも呼びます．

こうして，変位電流の導入によって図 S.2 に示すように電場 $\boldsymbol{E}$ が磁場 $\boldsymbol{B}$ の時間変化によって生まれるとともに，磁場 $\boldsymbol{H}$（磁束密度 $\boldsymbol{B}$）も電場 $\boldsymbol{E}$ の時間変化によって発生できることがわかります．だから，電荷や電流が存在しない空間においても，互いに相手の時間変化がありさえすれば，電場や磁場は発生できることがわかります．

だから，マクスウェル方程式に変位電流が導入されたことによって，電場や磁場が電荷や電流などの“もの”からの独立が可能になったともいえるのです．このことは，マクスウェル方程式が提案されることによって，これが提案される前と後で電磁気学のイメージが大きく変わったことを示しています．

また，これもこれまでに指摘してきたことですが，マクスウェル方程式に変位電流を導入した時点で，波動方程式を導かなくても，電磁波の存在が確約されていたといえるのです．なぜなら，電磁波は電気の波と磁場の波によって構成されていますが，これらの波は同時に発生して電磁波を作っています．すなわち，電磁波の発生では，電場の波なら磁場の波の時間変化によって，磁場の波なら電場の波の時間変化によってというように，お互いに相手の波の場の時間変化によって発生しています．

ところが，電磁波の元になる電場と磁場そのものが，電場なら磁場の時間変化，磁場なら電場の時間変化というように，お互いに相手の場の時間変化によって発生しているのです．電場の波は電場の存在によってはじめて存在し，磁場の波は磁場の存在によって存在できるものですから，このことを考えると，電磁波の存在は変位電流の導入によってその発生が確約されていたと考えることができるわけです．

S.3 マクスウェル方程式

◆マクスウェル方程式は電磁気学の基本的で，かつ，体系的な方程式！

“マクスウェル方程式は電磁気学の重要な 4 個の基本的な方程式をまとめたものである”とよくいわれます．昔，私も学生時代に最初このように説明されて，この方程式の存在を知ったように記憶しています．しかし，マクスウェル方程式をこのように説明することは，半分しか正しくないようです．なぜかといいますと，マクスウェル方程式は，基本的な 4 個の方程式，すなわち，アンペールの法則の式，ファラデーの電磁誘導の法則の式，電場に関するガウスの法則の式，そして，磁場に関するガウスの法則の式を単にまとめたものだけではないからです．

もしもそうならば，これらの 4 個の式の集まりをわざわざマクスウェル方程式と呼ぶ必要はありませんし，このように呼ぶのはアンペールの法則など 4 個の基本式を発見した他の偉大な科学者に対して不公正でさえあります．

しかし，実は不公正でも何でもありません．マクスウェル方程式は電磁気学の 4 個の基本式を出発点では使っていますが，これらの式を単にまとめたものではなく，体系的な電磁気学の基本方程式になっているのです．すなわち，マクスウェル方程式の個々の式は決して，それぞれが個々独立に存在するものではなく，全体として一つの方程式として成り立つように組み立てられているのです．

その証拠の一例として，マクスウェル方程式から電磁波を求めるために導かれる波動方程式があります．この波動方程式は 4 個の式の特定の式だけを使って導かれるわけではなく，本文でも説明したように，マクスウェル方程式の 4 個のすべての式をみたす条件のもとで導かれたものなのです．

また，マクスウェルはマクスウェル方程式を体系的な式として組み立てる中で，時間変化のある非定常状態では，アンペールの法則が電荷保存則をみたさないことを発見しました．この重大な欠陥を補うために，彼はアンペールの法則を非定常状態でも電荷保存則が成り立つように修正しているのです．そうして作った式がアンペール－マクスウェルの法則の式であり，これがマクスウェル方程式には使われています．だから，当然のこととして，アンペールの法則の式はそのままの形では電磁気学の 4 個の基本式の中には含まれていません．

しかし，マクスウェル方程式が体系的な式といわれても，マクスウェル方程式の 4 個の式を見ただけでは，これを体系的な方程式として理解し，納得するのは簡単ではないことも事実です．それればかりではなく，仮に体系的な式と認めたとしても，これらの 4 個の方程式をどのように使って，特定の課題の電場や磁場を求めるかには戸惑いを感じることもまた事実です．

そこで，本文で示したように，マクスウェル方程式の 4 個の式を元の式として，これらすべてを使い，かつ，電磁ポテンシャルのベクトルポテンシャル $\boldsymbol{A}$ とスカラーポテンシャル ϕ を使った，電場 $\boldsymbol{E}$ と磁場 $\boldsymbol{B}$ が比較的容易に計算できる，見通しのよい方程式が作られています．その電磁ポテンシャルを使った偏微分方程式は，次に示す通りです．

$$\left(\Delta - \frac{\partial^2}{\partial t^2}\right)\boldsymbol{A}^* = -\mu\boldsymbol{i} \tag{S.6}$$

$$\left(\Delta - \varepsilon\mu\frac{\partial^2}{\partial t^2}\right)\phi^* = -\frac{\rho}{\varepsilon} \tag{S.7}$$

$$\operatorname{div}\boldsymbol{A}^* + \varepsilon\mu\frac{\partial^2\phi^*}{\partial t^2} = 0 \tag{S.8}$$

式 (S.6〜8) の方程式を使って電場 $\boldsymbol{E}$ と磁場 $\boldsymbol{B}$ を求めるには，まず，式 (S.6) の x，y，z 各成分の 3 個の方程式と，式 (S.7) の 1 個の方程式の，それぞれ独立した式を解き，1 組の付加項を加えた電磁ポテンシャルの $\boldsymbol{A}^*$ と ϕ^* を求めます．そして，得られた $\boldsymbol{A}^*$ と ϕ^* が式 (S.8) の条件をみたすかどうかチェックします．

この手続きが終了したあと，式 (S.8) の条件を満たしていれば，得られたこれらの $\boldsymbol{A}^*$ と ϕ^* を解とします．このあと，これらの $\boldsymbol{A}^*$ と ϕ^* を使い，次に示す磁場 $\boldsymbol{B}$ と電場 $\boldsymbol{E}$ の式の $\boldsymbol{A}$ と ϕ の箇所に，次のように $\boldsymbol{A}^*$ と ϕ^* をそのまま代入して，電場 $\boldsymbol{E}$ と磁場 $\boldsymbol{B}$ を求めるのです．

$$\boldsymbol{E} = -\frac{\partial \boldsymbol{A}^*(\boldsymbol{x},t)}{\partial t} - \mathrm{grad}\,\phi^*(\boldsymbol{x},t) \tag{S.9a}$$
$$\boldsymbol{B} = \mathrm{rot}\,\boldsymbol{A}^*(\boldsymbol{x},t) \tag{S.9b}$$

なぜこのような，一見乱暴なことが許されるかというと，ここで使った $\boldsymbol{A}^*$ と ϕ^* はそれぞれ $\boldsymbol{A}$ と ϕ をゲージ変換したもの（ゲージ変換については第4章の Column 4-6 参照）なので，$\boldsymbol{A}$ と ϕ をそれぞれ $\boldsymbol{A}^*$ と ϕ^* にゲージ変換しても，これらを使って求める電場と磁場の値は変化しないという便利な定理があるのです．

以上のように電磁ポテンシャルの方程式を解けば電場 $\boldsymbol{E}$ と磁場 $\boldsymbol{B}$ が求まるのですから，確かにマクスウェル方程式をそのまま使って問題を解くよりも，電磁ポテンシャルの方程式を使うほうが，電場や磁場が求めやすいことがわかります．

S.4 さらに学ぶために

本書ではマクスウェル方程式を比較的やさしく解説してきましたが，あまり難しくしないようにという配慮や，小冊のための制約などで不十分な点は多々あります．この機会にさらに詳しくマクスウェル方程式を学びたいと考える読者の方も多いと思われますので，以下に有益と思われる事項を参考文献も挙げて述べておきます．

まず，マクスウェル方程式の成立に関する歴史的な経緯について，ことにこの方程式の理論的な考えの基礎になった近接作用が生まれた経緯やマクスウェルがマクスウェル方程式を提案した経緯についての解説では，文献1の伊藤憲一著『ファラデーとマクスウェル』が参考になります．

この本はファラデーとマクスウェルの評伝風の小冊ですが，著者が物理学者であるためにマクスウェル方程式の電磁気学的な内容も要点だけは，付録も使って正確に記述されています．そしてファラデーが近接作用を考えるようになった経緯や，この考えがマクスウェルに伝えられて発展し，マクスウェル方程式に結実した経緯もわかりやすくやさしく書いてあります．これらのことを比較的やさしく知るには好著だと思われます．

次に，電磁気学やマクスウェル方程式の内容を本格的に記述した本には，文献 2 と 3 の砂川重信著の『電磁気学』および『理論電磁気学』があります．これらの本は電磁気学全体についてベクトル演算も使って詳しく述べられています．文献 2 は比較的やさしく，しかし，本格的に記述されています．マクスウェル方程式についてはもちろん詳しく書いてあります．また，文献 3 は少し高度で，やさしいとはいえませんが電磁ポテンシャルを使った式について詳しく書いてあります．ことに波動方程式や電磁波が電磁ポテンシャルを使って説明してあり，電磁ポテンシャルを使った好例が示されているともいえますので，電磁ポテンシャルの方程式や，この方程式の使用法を知りたい人には参考になります．

また，これらの著書では本書で省略したポインティング・ベクトルを使った電磁場のエネルギーや運動量などについても説明されています．また，文献 2 ではベクトル演算の記述も比較的やさしく，そして，ストークスの定理なども証明も含めて詳しく述べられています．この本は電磁気学やマクスウェル方程式を学ぶための好著として評判も高いようです．

電気系では“電場”，“磁場”はそれぞれ“電界”，“磁界”と呼ばれますが，本書では電場，磁場で通したので違和感を覚えた人もあるかもしれません．こうした人たちには，参考文献 4 の山口昌一郎著『電磁気学』や，参考文献 5 の拙著『基本から学ぶ電磁気学』も有益かもしれません．これらには電気系の人にやさしく，電磁波の発生についての説明もやや詳しく，かつやさしく書かれています．

最後に，ベクトル演算のやさしい解説書としては，参考文献 6 の大槻義彦著『div, grad, rot, …』がわかりやすい好著のようです．内容は，本のタイトルに則して div, grad, rot の意味のわかりやすい説明やベクトル解析の公式とその証明などが比較的丁寧に書いてあります．

この他にもマクスウェル方程式に関連した好著は多いので，勉学意欲さえあればマクスウェル方程式の奥義を極めることも可能なのではないでしょうか．

参考文献

1.『ファラデーとマクスウェル』後藤憲一，清水書院，1993.

2.『電磁気学』砂川重信，岩波書店，2000.

3.『理論電磁気学』砂川重信，紀伊国屋書店，1999.

4.『電磁気学』山口昌一郎，電気学会，2006.

5.『基本から学ぶ電磁気学』岸野正剛，電気学会，2008.

6.『div, grad, rot, …』大槻義彦，共立出版，1994.

付録A　マクスウェル方程式の単位系による表示の違い

この付録 A では単位系について説明します．マクスウェル方程式を難しいものにしている原因の一つに，SI 単位系と cgs-Gauss 単位系によってマクスウェル方程式の表示が異なっていることがあります．ここでは，この原因を取り除く一助として，電磁気学で使われる単位系の特殊性について，まず簡単に述べます．次に，主に使われる SI 単位系と cgs-Gauss 単位系の違いについて簡単に説明します．続いて，SI 単位系と cgs-Gauss 単位系で表されたマクスウェル方程式を示し，二つの単位系で表示された方程式間の相互変換について説明します．

A.1　電磁気学で使われる単位系の特殊性

◆マクスウェル方程式が単に異なった単位系で表されているだけではない！

電磁気学で主に使われている単位系には，SI 単位系と cgs-Gauss 単位系があります．SI 単位系は MKS 単位系を元にしてこれをさらに拡張したもので，世界的な標準の単位系として決められた国際単位系です．MKS 単位系では長さにメートルの m，質量にキログラムの kg，時間に秒の s が使われています．また，cgs 単位系は長さにセンチメートルの cm，質量にグラムの g，時間に秒の s が使われるものです．そして，cgs-Gauss 単位系は cgs 単位系にガウス単位系を加えたものです．以前は電磁気学で使われる単位系は cgs-Gauss 単位系が主流でしたが，最近では SI 単位系が主に使われるようになっています．

マクスウェル方程式の単位表示系に関してこの付録でとりあげるのには，それなりの理由があります．というのは，マクスウェル方程式の SI 単位系表示と cgs-Gauss 単位系表示の違いは，単に数式の表示に使われている単位に違いがあるだけではないからです．電磁気学における基本的な物理量の電場や磁場の表示式が異なっているのです．だから，電場と磁場の SI 単位系表示と cgs-Gauss 単位系表示の表示間での違いを知らなければ，二つの異なった単位系表示で書かれたマクスウェル方程式の関係を理解するのは不可能です．

これは初学者の人にとってはきわめて不都合で厄介なことになっています．例えば，“マクスウェル方程式を勉強していて，わかりにくい箇所に遭遇し少し古い著書を開いて調べようとしたが，書いてあるマクスウェル方程式の数式が（cgs-Gauss 単位系の表示であれば）同じ方程式のはずなのに，いま勉強している教科書の数式とかなり違っている！ 読んでもさっぱりわからない！ cgs-Gauss 単位系表示のマクスウェル方程式を見て，マクスウェル方程式がますますわからなくなった”，ということになりかねないのです．

これではせっかく燃やした向学心に水を差しかねないことになります．このようなことが起こらないためにも，単位系の違いによるマクスウェル方程式の表示の違いをキチンと理解する必要があります．以上に述べたような必要性から，本書ではこの付録で単位系について詳しく説明し，混乱を未然に防ぐことに努めます．

A.2 SI 単位系と cgs-Gauss 単位系

A.2.1 SI 単位系

SI 単位系は国際単位系（the International System of Units）のことで，SI 単位系は，MKS 単位系に電流の単位のアンペア A を加えた MKSA 単位系に，実用単位系を加えてこれを拡張した単位系です．そこで，ここでは SI 単位系の元になった MKS 単位系から順を追って説明することにします．

MKS 単位系： 長さにメートル m，質量にキログラム kg，時間に秒 s を使うことを基本としています．だから，この単位系は 3 個の単位記号の頭文字をとって MKS と呼ばれます．その他の単位は m，k，s の単位を組み合わせて作成し，単位系全体を組み立てた単位系です．これらの単位の中には，ニュートン N，パスカル Pa も含まれています．

MKSA 単位系： MKS 単位系に電流の単位のアンペア A を加えたものを

基本とする単位系で，その他の諸量の単位についてはMKS 単位系と同じようになっています．

SI 単位系：　上に説明したMKS，MKSA 単位系の他に，温度にケルビンK，物質量にモル mol，光の光度にカンデラ cd などを使うとともに，以下に示すように，電気と磁気の単位が含まれた単位系です．SI 単位系に含まれる単位を分類すると，次のように，7 つの①基本単位と，基本単位の組み合わせからなる②組立単位（下記には本書に関係するもののみ挙げました）に分けられます．また，SI に含まれないけれども，SI に換算できるのでSI 単位との併用を認められている③併用単位もあります[*1]．

①基本単位：　m，kg，s，A，cd，K，mol

②組立単位：　力のニュートン N，圧力のパスカル Pa，エネルギーのジュール J，仕事率のワット W，周波数のヘルツ Hz，電荷のクーロン C，電圧のボルト V，電気容量のファラッド F，抵抗のオーム Ω，コンダクタンスのジーメンス S，磁束のウェーバ Wb，磁束密度のテスラ T，インダクタンスのヘンリー H

③併用単位：　エネルギーの電子ボルト eV

上記の②組立単位と③併用単位には，本書の内容と関係のある単位とその記号を挙げました[*2]．

[*1] 非 SI 単位のうちのいずれが SI との併用を認められているかは，国際度量衡局による SI の定義文書（2014 年時点では第 8 版）に記載されています．これら以外で SI で推奨されていない単位も，各分野の慣例や利便性のため，広く用いられています．

[*2] 上記に挙げたもの以外にも多様な単位が存在し，例えば，SI 組立単位には温度の摂氏 °C，角度のラジアン rad，立体角のステラジアン sr，照度のルクス lx，放射能のベクレル Bq，吸収線量のグレイ Gy，線量当量のシーベルト Sv などがあります．SI 併用単位には質量の統一原子質量単位 u，トン t，長さの天文単位 AU，時間の日 d，時間 h，分 min，角度の度 °，分 ′，秒 ″，面積のヘクタール ha，体積のリットル L，原子単位（素電荷，電子質量，プランク定数の $\frac{1}{2\pi}$ 倍，ボーア半径をいずれも 1 と定義する諸単位），自然単位（光速，電子質量，プランク定数の $\frac{1}{2\pi}$ 倍，プランク時間をいずれも 1 と定義する諸単位）などがあります．長さのオングストローム Å，常用対数のデシベル dB，自然対数のネーパ Np などは，SI では推奨されていないものの，分野によっては広く用いられる単位です．

A.2.2 cgs-Gauss 単位系

cgs-Gauss 単位系は電気および磁気に使われる cgs 系の単位系です．cgs-Gauss 単位系では電気に関する単位には静電単位系が使われ，磁気に関する単位には電磁単位系が使われています．このため，誘電率 ε_0 と透磁率 μ_0，および光の速度 c はそれぞれ $\varepsilon_0 = 1$，$\mu_0 = 1$，$c = c$ となっています．この単位系を使った数式では電場と磁場の方程式が対称になり，理論的な記述には見通しのよい式になるという特徴があります．このため理論物理学などでは現在も使われています．

①**静電単位系：** 等しい電気量の 2 個の帯電体を真空中で 1 [cm] 離して置いたとき，1 [dyn]（ダイン[*3]）の力が作用しあう電気量を，電気量の 1 静電単位（1 cgs-esu）とし，これを基本に作られた電気磁気に関する単位系です．この単位系では $\varepsilon_0 = 1$，$\mu_0 = \dfrac{1}{c^2}$，$c = c$ となります．

②**電磁単位系：** 等しい磁気量の 2 個の磁極を真空中で 1 [cm] 離して置いた状態で，二つの磁極間に働く力が 1 [dyn] のときの磁気量を 1 電磁単位の磁気量とし，これを基本として作られた電気磁気に関する単位系です．この単位系では $\varepsilon_0 = \dfrac{1}{c^2}$，$\mu_0 = 1$，$c = c$ となります．

② **cgs-Gauss 単位系：** 電気に関する量には静電単位系を，磁気に関する量には電磁単位系を使用する単位系です．次の基本的な電磁気量の誘電率，透磁率，光速などのそれぞれの定数 ε_0，μ_0，および c の間の関係は，α と γ を定数として，一般に次の式で表されます．

$$c = \frac{\gamma}{\sqrt{\varepsilon_0 \mu_0}} \tag{A.1}$$

$$k_e = \frac{\alpha}{4\varepsilon_0 \pi} \tag{A.2a}$$

$$k_m = \frac{\alpha}{4\mu_0 \pi} \tag{A.2b}$$

ここで，k_e と k_m は，それぞれ電荷に関するクーロンの法則と磁荷に関するクーロンの法則のそれぞれの式の係数です．

[*3] ダイン（記号 dyn）は cgs 単位系における力の単位です．$1\,\mathrm{dyn} = 10^{-5}\,\mathrm{N}$ です．

cgs-Gauss 単位系では，電気には静電単位系を，磁気には電磁単位系を使うことから，誘電率 ε_0 と透磁率 μ_0 はともに 1 としています．だから，$\varepsilon_0 = 1$，$\mu_0 = 1$ となっています．また，γ と α は，それぞれ $\gamma = c$，$\alpha = 4\pi$ としています．したがって，式 (A.1) を使うと，光速 c は c となります．また，クーロンの法則の係数は，これらの α，ε_0，および μ_0 の各値を式 (A.2a, b) に代入すると，電荷に関する法則の式においても，磁荷に関する法則の式においてもともに 1 になるので，次の式が成り立ちます．

$$k_e = \frac{1}{4\varepsilon_0\pi} = 1 \tag{A.3a}$$

$$k_m = \frac{1}{4\mu_0\pi} = 1 \tag{A.3b}$$

A.3　SI 表示と cgs-Gauss 表示の電荷，電場，および磁場

A.3.1　電子の電荷の単位の SI 表示と cgs-Gauss 表示の違い

電子の電荷は SI 単位系では q で表され，cgs-Gauss 単位系では e で表されます．しかし，違いはこれだけでは済まないのです．実は両単位系の電子の電荷の，q と e のそれぞれの 2 乗 q^2 と e^2 の間には，次の関係が成り立っています．

$$\frac{q^2}{4\pi\varepsilon_0} = e^2 \tag{A.4a}$$

実際に使われる場合には，cgs-Gauss 単位系では，式 (A.3a, b) の関係が成り立つことから，次の関係式が成り立っています．

$$4\pi\varepsilon_0 = 1 \tag{A.4b}$$

例えば，SI 表示の電場を $\boldsymbol{E}_{\mathrm{SI}}$，cgs-Gauss 表示の電場を $\boldsymbol{E}_{\mathrm{cgs\text{-}G}}$ とし，電荷をともに q（すなわち $e = q$）とすると，両単位系の電場は，次のように表されています．

$$\boldsymbol{E}_{\text{SI}} = \frac{1}{4\pi\varepsilon_0}\frac{q}{r^2} \tag{A.5}$$

$$\boldsymbol{E}_{\text{cgs-G}} = \frac{q}{r^2} \tag{A.6}$$

ここでは，電荷の単位 e は q と等しい，つまり，$e = q$ の関係が成り立つとしています．

なお，式 (A.4b) で表される関係はマクスウェル方程式の cgs-Gauss 表示では重要な関係になっています．すなわち，式 (A.4b) の関係はマクスウェル方程式の SI 単位系表示と cgs-Gauss 単位系表示間の相互変換において重要になります．

A.3.2 ローレンツ力を使った電場と磁場の SI 表示と cgs-Gauss 表示

電磁場における力を表す法則の式として有名なものにローレンツ力があります．ローレンツ力は電磁場の中において速度 v で運動する電荷の q（SI 単位系）または e（cgs-Guss 単位系）に及ぼす電場 E と磁場 B の力を表しています．そして，この力 F を SI 単位系と cgs-Gauss 単位系で表すと，次のようになります．

$$\boldsymbol{F}_{\text{SI}} = q\boldsymbol{E}_{\text{SI}} + qv\boldsymbol{B}_{\text{SI}} \tag{A.7a}$$

$$\boldsymbol{F}_{\text{cgs-G}} = e\boldsymbol{E}_{\text{cgs-G}} + \frac{e}{c}v\boldsymbol{B}_{\text{cgs-G}} \tag{A.7b}$$

これらの式で，式 (A.7a) では電場 E と磁場 B が SI 単位系で表された場合のローレンツ力を表し，式 (A.7b) では同じく cgs-Gauss 単位系で表された場合のローレンツ力を示しています．

電荷に及ぼす電場の力は，単位系による差はないので常に等しいはずです．だから，SI 単位系表示と cgs-Gauss 単位系によって表される電場 E と磁場 B の式の式 (A.7a,b) を使うと，それぞれの電場による力は等しいので，次の関係が成り立ちます．

$$q\boldsymbol{E}_{\text{SI}} = e\boldsymbol{E}_{\text{cgs-G}} \tag{A.8a}$$

ここで，e と q の間には $e = q$ の関係が成り立つので，式 (A.8a) は次のようになります．

$$\boldsymbol{E}_{\mathrm{SI}} = \boldsymbol{E}_{\text{cgs-G}} \tag{A.8b}$$

また，運動する電荷に対する磁場の及ぼす力は，SI 単位系表示と cgs-Gauss 単位系表示との間に力の大きさに差はなく等しいはずです．だから，式 (A.7a, b) の第 2 項を比較すると，次の関係が得られます．

$$qv\boldsymbol{B}_{\mathrm{SI}} = \frac{e}{c}v\boldsymbol{B}_{\text{cgs-G}} \tag{A.9}$$

この式 (A.9) から，$e = q$ とすると，cgs-Gauss 単位系で表した磁場 $\boldsymbol{B}_{\text{cgs-G}}$ と SI 単位系で表した磁場 $\boldsymbol{B}_{\mathrm{SI}}$ との間に，次の関係が成り立つことがわかります．

$$\boldsymbol{B}_{\text{cgs-G}} = c\boldsymbol{B}_{\mathrm{SI}} \tag{A.10}$$

この関係が正しいことは，例えば，SI 単位系表示と cgs-Gauss 単位系表示で表される，磁気の力に関するビオ－サバールの法則の式を比較してみるとわかります．すなわち，二つの方式で表されたビオ－サバールの法則の式は，次のようになっています．

$$d\boldsymbol{B}_{\mathrm{SI}} = \frac{\mu_0}{4\pi}\frac{Id\boldsymbol{l} \times \boldsymbol{r}}{r^2} \tag{A.11a}$$

$$d\boldsymbol{B}_{\text{cgs-G}} = \frac{1}{c}\frac{Id\boldsymbol{l} \times \boldsymbol{r}}{r^2} \tag{A.11b}$$

ここで，これらの二つの関係を調べるために，式 (A.11b) 左辺の $d\boldsymbol{B}_{\text{cgs-G}}$ を式 (A.10) の関係を使って $d\boldsymbol{B}_{\mathrm{SI}}$ に書き換えると，次の式ができます．

$$cd\boldsymbol{B}_{\mathrm{SI}} = \frac{1}{c}\frac{Id\boldsymbol{l} \times \boldsymbol{r}}{r^2} \tag{A.12a}$$

この式 (A.12a) の両辺を光速の c で割ると，次の式ができます．

$$d\boldsymbol{B}_{\mathrm{SI}} = \frac{1}{c^2}\frac{Id\boldsymbol{l} \times \boldsymbol{r}}{r^2} \tag{A.12b}$$

次に，この式 (A.12b) と上の式 (A.11a) は等しいので，係数を等しいとおいて，次の式が得られます．

$$\frac{1}{c^2} = \frac{\mu_0}{4\pi} \tag{A.13}$$

ここで，$4\pi\varepsilon_0 = 1$ の関係をこの式に代入すると，次の式が得られます．

$$\varepsilon_0\mu_0 = \frac{1}{c^2} \tag{A.14}$$

SI 単位系の表示ではこの式 (A.14) の関係が成り立っています（本文の式 (4.24) でも使用）．この式 (A.14) を導くために式 (A.10) が使われているので，式 (A.10) は妥当であることがわかります．

A.4 SI 表示と cgs-Gauss 表示のマクスウェル方程式と相互変換

A.4.1 SI 表示と cgs-Gauss 表示のマクスウェル方程式

多少重複しますが，説明に必要ですので，SI 単位系表示と cgs-Gauss 単位表示のマクスウェル方程式を，ここでも以下に記載しておくことにします．

・SI 単位系表示：

$$\mathrm{rot}\,\boldsymbol{H}_{\mathrm{SI}} = \boldsymbol{i} + \frac{\partial \boldsymbol{D}_{\mathrm{SI}}}{\partial t} \tag{A.15}$$

$$\mathrm{rot}\,\boldsymbol{E}_{\mathrm{SI}} = -\frac{\partial \boldsymbol{B}_{\mathrm{SI}}}{\partial t} \tag{A.16}$$

$$\mathrm{div}\,\boldsymbol{D}_{\mathrm{SI}} = \rho \tag{A.17}$$

$$\mathrm{div}\,\boldsymbol{B}_{\mathrm{SI}} = 0 \tag{A.18}$$

・cgs-Gauss 単位系表示：

$$\mathrm{rot}\,\boldsymbol{B}_{\text{cgs-G}} = \frac{4\pi}{c}\boldsymbol{i} + \frac{1}{c}\frac{\partial \boldsymbol{E}_{\text{cgs-G}}}{\partial t} \tag{A.19}$$

$$\mathrm{rot}\,\boldsymbol{E}_{\text{cgs-G}} = -\frac{1}{c}\frac{\partial \boldsymbol{B}_{\text{cgs-G}}}{\partial t} \tag{A.20}$$

$$\mathrm{div}\,\boldsymbol{E}_{\text{cgs-G}} = 4\pi\rho \tag{A.21}$$

$$\mathrm{div}\,\boldsymbol{B}_{\text{cgs-G}} = 0 \tag{A.22}$$

A.4.2 両単位系で表示されたマクスウェル方程式間の相互変換

まず，cgs-Gauss 単位系表示のマクスウェル方程式の式 (A.19〜22) を SI 単位系の表示式 (A.15〜18) へ変換することから始めましょう．式 (A.19) はアンペール－マクスウェルの法則の式ですが，まず，この式を cgs-Gauss 単位系において使われる規則の式 (A.4b)，すなわち $4\pi\varepsilon_0 = 1$ を使って書き換えると，次のようになります．

$$\mathrm{rot}\,\boldsymbol{B}_{\text{cgs-G}} = \frac{1}{c\varepsilon_0}\boldsymbol{i} + \frac{1}{c}\frac{\partial \boldsymbol{E}_{\text{cgs-G}}}{\partial t} \tag{A.23}$$

ここまでは，cgs-Gauss 単位系の規則だけを使って，式 (A.19) を書き換えました．

ここで，磁場の SI 単位系表示と cgs-Gauss 単位系表示の間の関係を示す，式 (A.10) の $\boldsymbol{B}_{\text{cgs-G}} = c\boldsymbol{B}_{\text{SI}}$ を使いましょう．すると，式 (A.23) の左辺の $\mathrm{rot}\,\boldsymbol{B}_{\text{cgs-G}}$ は，$\mathrm{rot}\,\boldsymbol{B}_{\text{cgs-G}} = c\,\mathrm{rot}\,\boldsymbol{B}_{\text{SI}}$ となります．得られた式の $c\,\mathrm{rot}\,\boldsymbol{B}_{\text{SI}}$ は $\mu_0\boldsymbol{H}_{\text{SI}} = \boldsymbol{B}_{\text{SI}}$ の関係を使うと $(c\mu_0)\,\mathrm{rot}\,\boldsymbol{H}_{\text{SI}}$ となります．

また，式 (A.23) の右辺の電場 $\boldsymbol{E}_{\text{cgs-G}}$ は，(A.8b) により $\boldsymbol{E}_{\text{cgs-G}} = \boldsymbol{E}_{\text{SI}}$ なので，これらの関係を使うと，式 (A.23) は，SI 単位系表示の電場と磁場を使って，次のように書くことができます．

$$(c\mu_0)\,\mathrm{rot}\,\boldsymbol{H}_{\text{SI}} = \frac{1}{c\varepsilon_0}\boldsymbol{i} + \frac{1}{c}\frac{\partial \boldsymbol{E}_{\text{SI}}}{\partial t} \tag{A.24}$$

したがって，この式 (A.24) は，$\varepsilon_0\boldsymbol{E}_{\text{SI}} = \boldsymbol{D}_{\text{SI}}$ の関係も使うと，次のように書き換えることができます．

$$\mathrm{rot}\,\boldsymbol{H}_{\text{SI}} = \frac{1}{c^2\varepsilon_0\mu_0}\boldsymbol{i} + \frac{1}{c^2\varepsilon_0\mu_0}\frac{\partial \boldsymbol{D}_{\text{SI}}}{\partial t} \tag{A.25}$$

ここで，式 (A.14) の関係 $\varepsilon_0\mu_0 = \dfrac{1}{c^2}$ を使うと，この式 (A.25) は次のようになり，SI 単位系表示のアンペール－マクスウェルの法則の式に変換できたことがわかります．

$$\mathrm{rot}\,\boldsymbol{H}_{\text{SI}} = \boldsymbol{i} + \frac{\partial \boldsymbol{D}_{\text{SI}}}{\partial t} \qquad \text{(A.15) の再掲}$$

次に，式 (A.20) のファラデーの電磁誘導の法則の cgs-Gauss 単位表示の式を，SI 単位表示に変換しましょう．式 (A.20) の左辺は $\boldsymbol{E}_{\text{cgs-G}}$ を $\boldsymbol{E}_{\text{SI}}$ に変更するだけでよいのですから，$\text{rot}\,\boldsymbol{E}_{\text{SI}}$ となります．そして，右辺は式 (A1.10) の $\boldsymbol{B}_{\text{SI}} = c\boldsymbol{B}_{\text{cgs-G}}$ の関係を使って，$-\frac{1}{c}\frac{\partial(c\boldsymbol{B}_{\text{SI}})}{\partial t}$ となるので，式 (A.20) は次のように式 (A.26) になり，この式より容易に SI 単位表示の式 (A.16) が得られます．こうして SI 単位表示への変換ができます．

$$\text{rot}\,\boldsymbol{E}_{\text{SI}} = -\frac{1}{c}\frac{\partial(c\boldsymbol{B}_{\text{SI}})}{\partial t} \tag{A.26}$$

$$\therefore\quad \text{rot}\,\boldsymbol{E}_{\text{SI}} = -\frac{\partial \boldsymbol{B}_{\text{SI}}}{\partial t} \qquad \text{(A.16) の再掲}$$

また，式 (A.21) は電場に関するガウスの法則の式ですが，この式を cgs-Gauss 単位系の規則の式 (A.4b)（$4\pi\varepsilon_0 = 1$）と $\boldsymbol{D}_{\text{cgs-G}} = \varepsilon_0\boldsymbol{E}_{\text{cgs-G}}$ の関係を使って書き換えておくと，式 (A.21) は次のようになります．

$$\frac{1}{\varepsilon_0}\,\text{div}\,\boldsymbol{D}_{\text{cgs-G}} = \frac{1}{\varepsilon_0}\rho \tag{A.27a}$$

$$\therefore\quad \text{div}\,\boldsymbol{D}_{\text{cgs-G}} = \rho \tag{A.27b}$$

さらに，cgs-Gauss 表示から SI 表示への変換では，$\boldsymbol{E}_{\text{cgs-G}} = \boldsymbol{E}_{\text{SI}}$ の関係が成り立つので，電束密度についても（$\boldsymbol{D} = \varepsilon_0\boldsymbol{E}$ なので）$\boldsymbol{D}_{\text{cgs-G}} = \boldsymbol{D}_{\text{SI}}$ の関係が成り立ちます．この関係を使うと，式 (A.27b) の左辺は $\text{div}\,\boldsymbol{D}_{\text{SI}}$ になるので，SI 単位系表示の電場に関するガウスの法則の式 (A.17) になります．

最後に，式 (A.22) の磁場に関するガウスの法則の cgs-Gauss 表示から SI 表示への変換では，磁場 B に関しては，これまで使ったように $\boldsymbol{B}_{\text{cgs-G}} = c\boldsymbol{B}_{\text{SI}}$ の関係があるので，これを使うと，式 (A.22) は次のようになります．

$$c\,\text{div}\,\boldsymbol{B}_{\text{SI}} = 0 \tag{A.28}$$

光速 c は有限の値を持ちますから，0 ではありえません．したがって，上の式 (A.28) では，$\text{div}\,\boldsymbol{B}_{\text{SI}}$ が 0 であることになります．こうして，式 (A.18) の SI 単位系表示の磁場に関するガウスの法則の式が導かれます．

以上で，cgs-Gauss 単位系表示から SI 単位系表示へのマクスウェル方程式の変換は終わったので，次に，SI 単位系表示から cgs-Gauss 単位表示への変換に移ります．式 (A.15) のアンペール－マクスウェルの法則の式の単位系の変換では，まず，式 (A.15) の左辺の $\mathrm{rot}\,\boldsymbol{H}_{\mathrm{SI}}$ は，$\dfrac{1}{\mu_0}\mathrm{rot}\,\boldsymbol{B}_{\mathrm{SI}}$ となります．この式で $\varepsilon_0\mu_0 = \dfrac{1}{c^2}$ の関係を使うと，$\dfrac{1}{\mu_0}\mathrm{rot}\,\boldsymbol{B}_{\mathrm{SI}}$ は $\varepsilon_0 c^2\,\mathrm{rot}\,\boldsymbol{B}_{\mathrm{SI}}$ となります．ここまではSI単位系の規則だけを使いました．

次に，$\boldsymbol{B}_{\text{cgs-G}} = c\boldsymbol{B}_{\mathrm{SI}}$ の関係を使うと，上記の（左辺の）$\varepsilon_0 c^2\,\mathrm{rot}\,\boldsymbol{B}_{\mathrm{SI}}$ は $\varepsilon_0 c\,\mathrm{rot}\,\boldsymbol{B}_{\text{cgs-G}}$ となります．右辺は $\boldsymbol{D}_{\mathrm{SI}} = \varepsilon_0\boldsymbol{E}_{\mathrm{SI}}$ の関係を使って $\boldsymbol{D}_{\mathrm{SI}}$ を $\boldsymbol{E}_{\mathrm{SI}}$ に変え，$\boldsymbol{E}_{\mathrm{SI}}$ を $\boldsymbol{E}_{\text{cgs-G}}$ に変更するだけですから，右辺を上記の左辺と等しいとおくと，式 (A.15) から次の式が得られます．

$$\varepsilon_0 c\,\mathrm{rot}\,\boldsymbol{B}_{\text{cgs-G}} = \boldsymbol{i} + \varepsilon_0\frac{\partial \boldsymbol{E}_{\text{cgs-G}}}{\partial t} \tag{A.29a}$$

この式 (A.29a) の両辺を $c\varepsilon_0$ で割ると，次の式が得られます．

$$\mathrm{rot}\,\boldsymbol{B}_{\text{cgs-G}} = \frac{\boldsymbol{i}}{c\varepsilon_0} + \frac{1}{c}\frac{\partial \boldsymbol{E}_{\text{cgs-G}}}{\partial t} \tag{A.30}$$

ここまでは，SI単位系の規則を使ったあと，SI単位系表示からcgs-Gauss単位系表示への変換式を使って式を変更してきました．得られた式 (A.30) の右辺の第1項は，式 (A.19) とは異なっています．そこで，この右辺第1項をcgs-Gauss単位系の規則を使って書き直すことを考えます．すなわち，少し細工をすると，右辺第1項の係数 $\dfrac{1}{\varepsilon_0 c}$ は，次のように書けます．

$$\frac{1}{\varepsilon_0 c} = \frac{4\pi}{4\pi\varepsilon_0 c}$$

ここで，cgs-Gauss単位系では $4\pi\varepsilon_0 = 1$ の関係が成り立つので，この式の右辺は $\dfrac{4\pi}{c}$ となります．こうして式 (A.30) の右辺は $\dfrac{4\pi}{c}\boldsymbol{i} + \dfrac{1}{c}\dfrac{\partial \boldsymbol{E}_{\text{cgs-G}}}{\partial t}$ となり，次の式 (A.19) と同じ式

$$\mathrm{rot}\,\boldsymbol{B}_{\text{cgs-G}} = \frac{4\pi}{c}\boldsymbol{i} + \frac{1}{c}\frac{\partial \boldsymbol{E}_{\text{cgs-G}}}{\partial t}$$

が得られるので，式 (A.19) のcgs-Gauss単位系表示のアンペール－マクスウェルの法則の式に変換ができたことがわかります．

したがって，SI単位系表示からcgs-Gauss単位系表示への変換はcgs-Gauss

からSIへの変換のちょうど逆を実行すればよいことがわかります．あとは一部を演習問題に回して，その他の式の変換も簡単なので省略することにします．

なお，いくつかの教科書を見てみると，SI単位系表示のマクスウェル方程式においてアンペール－マクスウェルの法則の式が，

$$\mathrm{rot}\,\boldsymbol{B}_{\mathrm{SI}} = \mu_0 \boldsymbol{i} + \varepsilon_0 \mu_0 \frac{\partial \boldsymbol{E}_{\mathrm{SI}}}{\partial t} \tag{A.31a}$$

または

$$\mathrm{rot}\,\boldsymbol{B}_{\mathrm{SI}} = \mu_0 \boldsymbol{i} + \frac{1}{c^2} \frac{\partial \boldsymbol{E}_{\mathrm{SI}}}{\partial t} \tag{A.31b}$$

というように書かれてあるものがあります．

これらの式(A.31a, b)において，$\varepsilon_0 \mu_0 = \dfrac{1}{c^2}$ の関係を使うと，式(A.31a)と式(A.31b)は同じだということがわかります．すると，式(A.31a)のみをチェックすればよいことになります．この式(A.31a)の両辺を μ_0 で割ると，次の式ができます．

$$\frac{1}{\mu_0}\mathrm{rot}\,\boldsymbol{B}_{\mathrm{SI}} = \boldsymbol{i} + \varepsilon_0 \frac{\partial \boldsymbol{E}_{\mathrm{SI}}}{\partial t} \tag{A.32}$$

ここで，$\dfrac{1}{\mu_0}\boldsymbol{B}_{\mathrm{SI}} = \boldsymbol{H}_{\mathrm{SI}}$，$\varepsilon_0 \boldsymbol{E}_{\mathrm{SI}} = \boldsymbol{D}_{\mathrm{SI}}$ の関係が成り立ちますから，これらの関係をこの式(A.32)に代入すれば，式(A.15)が成り立ちます．だから，式(A.31a, b)の内容は式(A.15)と同じだということがわかります．

演習問題 Problems

問 A-1 式(A.17)のSI単位系表示の，電場に関するガウスの法則の式をcgs-Gauss単位系の表示の式に変換せよ．

解答 Solutions

答 A-1 式(A.17)の $\boldsymbol{D}_{\mathrm{SI}}$ は真空の誘電率を使って $\varepsilon_0 \boldsymbol{E}_{\mathrm{SI}}$ と書けるので，式(A.17)は次に示す式で表される．

$$\mathrm{div}\,\boldsymbol{E}_{\mathrm{SI}} = \frac{\rho}{\varepsilon_0} \qquad \text{(AP.1)}$$

また，$\boldsymbol{E}_{\text{cgs-G}} = \boldsymbol{E}_{\mathrm{SI}}$ の関係があるので，この式 (AP.1) は次のように書ける．

$$\mathrm{div}\,\boldsymbol{E}_{\text{cgs-G}} = \frac{\rho}{\varepsilon_0} \qquad \text{(AP.2)}$$

cgs-Gauss 単位系では $4\pi\varepsilon_0 = 1$ の関係が成り立つので，$\dfrac{1}{\varepsilon_0} = 4\pi$ となる．この関係を式 (AP.2) に代入すると，次の式

$$\mathrm{div}\,\boldsymbol{E}_{\text{cgs-G}} = 4\pi\rho \qquad \text{(AP.3)}$$

が得られ，cgs-Gauss 単位系表示の電場に関するガウスの法則の式 (A.21) が得られる．

付録B　ベクトル演算

この付録 B ではベクトル演算について説明します．本書において常用されているベクトル演算について，まず初学者向けに基礎事項の説明を行ったあと，公式の解説などを通して，少し高度な面もピックアップして説明をします．最後に，ベクトルポテンシャルについて簡単な説明を付け加えることにします．

B.1　ベクトル演算で重要な基礎演算

◆ベクトル演算を怖がらなくて済むごくやさしい秘訣（ひけつ）！

ベクトル演算を苦手とする人は意外と多いので，ここではベクトル演算における，“これさえわかれば怖くない”という方法を述べておくことにします．まず，ベクトルは3次元の物理量を表すもので，大きさとともに方向成分を持つものだということをしっかり理解しておく必要があります．だから，3次元のベクトルは，大きさ成分と方向成分をそれぞれ持っています．このことを明確に示すものとして単位ベクトル（大きさ1のベクトル）があり，単位ベクトルの意味と使い方をきちんとマスターすれば，ベクトルが3次元成分を持つ物理量を表すことが納得して理解できます．

いま，3次元ベクトルの $\boldsymbol{A}$ があるとして，このベクトルを，単位ベクトルを使って書き表すと，次の式 (B.1) に示すようになります．ここで使う単位ベクトルは，本文と同じように，直交座標表示で表したもので，x 方向，y 方向，および z 方向の単位ベクトルはそれぞれ $\boldsymbol{i}$，$\boldsymbol{j}$，および $\boldsymbol{k}$ です．すると，ベクトル $\boldsymbol{A}$ は次の式で表されます．ここで，A_x，A_y，A_z はもちろんベクトル $\boldsymbol{A}$ のそれぞれ x，y，z 成分です．

$$\boldsymbol{A} = A_x\boldsymbol{i} + A_y\boldsymbol{j} + A_z\boldsymbol{k} \tag{B.1}$$

また，同じくベクトル $\boldsymbol{B}$ を3次元ベクトルとすると，同様に $\boldsymbol{B}$ は次のように表されます．

$$\boldsymbol{B} = B_x\boldsymbol{i} + B_y\boldsymbol{j} + B_z\boldsymbol{k} \tag{B.2}$$

これら式 (B.1) と式 (B.2) において，右辺に現れる下付きの添字（サフィックス）x，y，z は，$\boldsymbol{A}$ および $\boldsymbol{B}$ のそれぞれの x，y，z 成分を表しています．

すると，ベクトル $\boldsymbol{A}$ と $\boldsymbol{B}$ のスカラー積 $\boldsymbol{A}\cdot\boldsymbol{B}$ は式 (B.1) と式 (B.2) を使って，次のようになります．これらは一部本文でも示しましたが，これはベクトル演算の基本になるので，再度ここにも示すことにします．

$$\begin{aligned}\boldsymbol{A}\cdot\boldsymbol{B} &= (A_x\boldsymbol{i} + A_y\boldsymbol{j} + A_z\boldsymbol{k})\cdot(B_x\boldsymbol{i} + B_y\boldsymbol{j} + B_z\boldsymbol{k}) \\ &= A_xB_x\boldsymbol{i}\cdot\boldsymbol{i} + A_xB_y\boldsymbol{i}\cdot\boldsymbol{j} + A_xB_z\boldsymbol{j}\cdot\boldsymbol{k} \\ &\quad + A_yB_x\boldsymbol{j}\cdot\boldsymbol{i} + A_yB_y\boldsymbol{j}\cdot\boldsymbol{j} + A_yB_z\boldsymbol{j}\cdot\boldsymbol{k} \\ &\quad + A_zB_x\boldsymbol{k}\cdot\boldsymbol{i} + A_zB_y\boldsymbol{k}\cdot\boldsymbol{j} + A_zB_z\boldsymbol{k}\cdot\boldsymbol{k}\end{aligned} \tag{B.3}$$

ここで，単位ベクトルのスカラー積は，ベクトル同士のスカラー積の規則（$\boldsymbol{i}\cdot\boldsymbol{j} = |\boldsymbol{i}|\,|\boldsymbol{j}|\cos\theta = \cos\theta$ となる．ここで，θ は $\boldsymbol{i}$ と $\boldsymbol{j}$ のなす角度）に従って，序章に示したように，次のようになります．

$$\begin{aligned}&\boldsymbol{i}\cdot\boldsymbol{i} = 1, \qquad \boldsymbol{j}\cdot\boldsymbol{j} = 1, \qquad \boldsymbol{k}\cdot\boldsymbol{k} = 1, \\ &\boldsymbol{i}\cdot\boldsymbol{j} = 0, \qquad \boldsymbol{i}\cdot\boldsymbol{k} = 0, \qquad \boldsymbol{j}\cdot\boldsymbol{k} = 0, \\ &\boldsymbol{j}\cdot\boldsymbol{i} = 0, \qquad \boldsymbol{k}\cdot\boldsymbol{i} = 0, \qquad \boldsymbol{k}\cdot\boldsymbol{j} = 0\end{aligned} \tag{B.4}$$

したがって，式 (B.4) の関係を使うと，式 (B.3) は次のようになります．

$$\boldsymbol{A}\cdot\boldsymbol{B} = A_xB_x + A_yB_y + A_zB_z \tag{B.5}$$

また，ベクトル $\boldsymbol{A}$ とベクトル $\boldsymbol{B}$ のベクトル積 $\boldsymbol{A}\times\boldsymbol{B}$ は，式 (B.1) と式 (B.2) を使って，次のようになります．

$$\begin{aligned}\boldsymbol{A}\times\boldsymbol{B} &= (A_x\boldsymbol{i} + A_y\boldsymbol{j} + A_z\boldsymbol{k})\times(B_x\boldsymbol{i} + B_y\boldsymbol{j} + B_z\boldsymbol{k}) \\ &= A_xB_x\boldsymbol{i}\times\boldsymbol{i} + A_yB_y\boldsymbol{j}\times\boldsymbol{j} + A_zB_z\boldsymbol{k}\times\boldsymbol{k} \\ &\quad + (A_xB_y - A_yB_x)\boldsymbol{k} + (A_yB_z - A_zB_y)\boldsymbol{i} + (A_zB_x - A_xB_z)\boldsymbol{j}\end{aligned} \tag{B.6}$$

ここで，単位ベクトル間のベクトル積は，ベクトル積の規則（$\boldsymbol{i}\times\boldsymbol{j} = (\sin\theta)\boldsymbol{n}$ となる．ここで，$\boldsymbol{n}$ は $\boldsymbol{i}$ と $\boldsymbol{j}$ の両方に垂直な方向の単位ベクトル）

に従って次のようになります.

$$\boldsymbol{i}\times\boldsymbol{i}=\boldsymbol{0},\quad \boldsymbol{j}\times\boldsymbol{j}=\boldsymbol{0},\quad \boldsymbol{k}\times\boldsymbol{k}=\boldsymbol{0},$$
$$\boldsymbol{i}\times\boldsymbol{j}=\boldsymbol{k},\quad \boldsymbol{j}\times\boldsymbol{k}=\boldsymbol{i},\quad \boldsymbol{k}\times\boldsymbol{i}=\boldsymbol{j},$$
$$\boldsymbol{j}\times\boldsymbol{i}=-\boldsymbol{k},\quad \boldsymbol{k}\times\boldsymbol{j}=-\boldsymbol{i},\quad \boldsymbol{i}\times\boldsymbol{k}=-\boldsymbol{j} \tag{B.7}$$

したがって，式 (B.7) を使って，$\boldsymbol{A}$ と $\boldsymbol{B}$ のベクトル積の式 (B.6) は，次のようになります.

$$\boldsymbol{A}\times\boldsymbol{B}=(A_yB_z-A_zB_y)\boldsymbol{i}+(A_zB_x-A_xB_z)\boldsymbol{j}+(A_xB_y-A_yB_x)\boldsymbol{k} \tag{B.8}$$

ここで述べたベクトル $\boldsymbol{A}$ とベクトル $\boldsymbol{B}$ のスカラー積とベクトル積は，ベクトル間の積の演算の基本になるものです．この基本が完全に理解できており，上に示した演算がスムーズに実行できれば，これ以降に述べる多少複雑なベクトル演算も容易に理解できるはずです.

極論すれば，ここで述べたベクトル演算の基本が完全にわかっていれば，grad，div，および rot などのベクトル微分演算子を使った演算も含めて，あとはベクトル演算の代表的な演算公式を覚えてこれを使うことによって，ベクトル演算を容易に実行することができます．ただ，ベクトル演算の公式を自信を持って使うには，使用する公式を一度は自分の手で証明しておくことが望ましいと思われます.

B.2　ベクトルの三重積

◆スカラー三重積とベクトル三重積がある

a スカラー三重積

ベクトルの三重積にはスカラー三重積とベクトル三重積があります．まず，スカラー三重積には，$\boldsymbol{A}\cdot(\boldsymbol{B}\times\boldsymbol{C})$，$\boldsymbol{B}\cdot(\boldsymbol{C}\times\boldsymbol{A})$，$\boldsymbol{C}\cdot(\boldsymbol{A}\times\boldsymbol{B})$ があります．これらの三重積は，いずれも $\boldsymbol{A}$，$\boldsymbol{B}$，$\boldsymbol{C}$ の 3 個のベクトルで作られる平行六面体の体積を表しています．例えば $\boldsymbol{A}\cdot(\boldsymbol{B}\times\boldsymbol{C})$ で考えますと，ベクトル $(\boldsymbol{B}\times\boldsymbol{C})$ の方向は，図 B.1 に示すように，$\boldsymbol{B}$ と $\boldsymbol{C}$ の作る平面に垂直です．このベクトル $(\boldsymbol{B}\times\boldsymbol{C})$ と $\boldsymbol{A}$ のスカラー積は $|\boldsymbol{B}\times\boldsymbol{C}|\,|\boldsymbol{A}|\cos\theta$ となるの

で，図 B.1 のベクトル $\boldsymbol{A}$，$\boldsymbol{B}$，$\boldsymbol{C}$ で囲まれる体積になります．

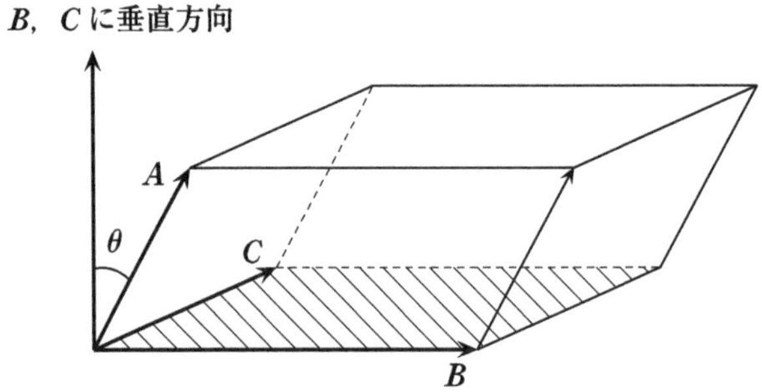

図 B.1 $\boldsymbol{A}\cdot(\boldsymbol{B}\times\boldsymbol{C})$ は $\boldsymbol{A}$, $\boldsymbol{B}$, $\boldsymbol{C}$ の作る平行六面体の体積

そして，スカラー三重積はベクトル間の積ですが，単位ベクトルの間には次の関係が成り立ちます．

$$\boldsymbol{i}\cdot(\boldsymbol{j}\times\boldsymbol{k})=\boldsymbol{j}\cdot(\boldsymbol{k}\times\boldsymbol{i})=\boldsymbol{k}\cdot(\boldsymbol{i}\times\boldsymbol{j})=1 \tag{B.9}$$

だから，これらの三重積の結果（の値）には単位ベクトルは付かないのです．

そして，これらの 3 個のスカラー三重積の間には次の等式が成り立ち，すべて等しくなります．

$$\boldsymbol{A}\cdot(\boldsymbol{B}\times\boldsymbol{C})=\boldsymbol{B}\cdot(\boldsymbol{C}\times\boldsymbol{A})=\boldsymbol{C}\cdot(\boldsymbol{A}\times\boldsymbol{B}) \tag{B.10}$$

$\boldsymbol{A}\cdot(\boldsymbol{B}\times\boldsymbol{C})$ と $\boldsymbol{B}\cdot(\boldsymbol{C}\times\boldsymbol{A})$ が等しいことは，次のように証明できます．

$$\begin{aligned}
&\boldsymbol{A}\cdot(\boldsymbol{B}\times\boldsymbol{C})\\
&\quad=A_x\cdot(\boldsymbol{B}\times\boldsymbol{C})_x+A_y\cdot(\boldsymbol{B}\times\boldsymbol{C})_y+A_z\cdot(\boldsymbol{B}\times\boldsymbol{C})_z\\
&\quad=A_x(B_yC_z-B_zC_y)+A_y(B_zC_x-B_xC_z)+A_z(B_xC_y-B_yC_x)\\
&\quad=B_x(C_yA_z-C_zA_y)+A_y(C_zA_x-C_xA_z)+A_z(C_xA_y-C_yA_x)\\
&\quad=B_x\cdot(\boldsymbol{C}\times\boldsymbol{A})_x+B_y\cdot(\boldsymbol{C}\times\boldsymbol{A})_y+B_z\cdot(\boldsymbol{C}\times\boldsymbol{A})_z\\
&\quad=\boldsymbol{B}\cdot(\boldsymbol{C}\times\boldsymbol{A})
\end{aligned} \tag{B.11}$$

ここで，下付きのサフィックス x，y，z は，それぞれ x，y，z 成分であることを表しています．また，$(\boldsymbol{B}\times\boldsymbol{C})_x$ などを求める演算には，式 (B.1) や式 (B.2) を使い，式 (B.6) に示すような演算を行いますが，ここでは省略しています．なお，式 (B.11) に単位ベクトルがないのは，式 (B.9) の関係が成り立つからです．

b ベクトル三重積

一方，$\boldsymbol{A}\times\boldsymbol{B}\times\boldsymbol{C}$ はベクトル三重積と呼ばれます．そして，このベクトル三重積には次の式が成り立ち，この式はベクトル解析の公式です．

$$\boldsymbol{A}\times(\boldsymbol{B}\times\boldsymbol{C})=\boldsymbol{B}(\boldsymbol{A}\cdot\boldsymbol{C})-\boldsymbol{C}(\boldsymbol{B}\cdot\boldsymbol{A}) \tag{B.12}$$

ベクトル三重積はこれを，例えば $\boldsymbol{V}$ とおきます（$\boldsymbol{V}=\boldsymbol{A}\times(\boldsymbol{B}\times\boldsymbol{C})$）と，$\boldsymbol{V}$ は $\boldsymbol{A}$ と $(\boldsymbol{B}\times\boldsymbol{C})$ の両方に垂直になります．また，$(\boldsymbol{B}\times\boldsymbol{C})$ で与えられるベクトルの方向は，図 B.1 にも示したように $\boldsymbol{B}$ と $\boldsymbol{C}$ に垂直になります．

そして $\boldsymbol{V}$ は $\boldsymbol{A}$ にも垂直ですから，結局ベクトル $\boldsymbol{V}$ はベクトル $\boldsymbol{B}$ とベクトル $\boldsymbol{C}$ の張る平面内にあることになります．したがって，ベクトル $\boldsymbol{V}$ は同じ面内に存在するベクトル $\boldsymbol{B}$ と $\boldsymbol{C}$ を使って，α と β を未定の定数とすると，次のように表すことができます．なお，ベクトル $\boldsymbol{A}$ の方向は図 B.1 の $\boldsymbol{A}$ の方向とは違います．

$$\boldsymbol{V}=\alpha\boldsymbol{B}+\beta\boldsymbol{C} \tag{B.13}$$

次に，ベクトル $\boldsymbol{A}$ とベクトル $\boldsymbol{V}$ が垂直であることを使うと，$\boldsymbol{A}$ と $\boldsymbol{V}$ のスカラー積 $\boldsymbol{A}\cdot\boldsymbol{V}$ は $|\boldsymbol{A}|\,|\boldsymbol{V}|\cos 90^\circ$ となり 0 になるので，次の式が成り立ちます．

$$\boldsymbol{A}\cdot\boldsymbol{V}=0=\alpha(\boldsymbol{B}\cdot\boldsymbol{A})+\beta(\boldsymbol{C}\cdot\boldsymbol{A}) \tag{B.14}$$

この式 (B.14) の関係をみたすように係数 α と β を決めればよいことがわかります．このあとの詳細は省略しますが，α として $(\boldsymbol{A}\cdot\boldsymbol{C})$，$\beta$ として $-(\boldsymbol{B}\cdot\boldsymbol{A})$ と決めれば公式 (B.12) の関係が得られます．

公式 (B.12) を証明するには，すべてを書くと煩雑になるので，x 成分だけ抜き出して証明し，他の成分も同様になることを使うことにしますと，次のようになります．すなわち，$\boldsymbol{A}\times(\boldsymbol{B}\times\boldsymbol{C})$ の x 成分の証明は，次のようになります．

$$
\begin{aligned}
&\{\boldsymbol{A}\times(\boldsymbol{B}\times\boldsymbol{C})\}_x\\
&\quad= A_y(\boldsymbol{B}\times\boldsymbol{C})_z - A_z(\boldsymbol{B}\times\boldsymbol{C})_y\\
&\quad= A_y(B_xC_y - B_yC_x) - A_z(B_zC_x - B_xC_z)\\
&\quad= B_x(A_yC_y + A_zC_z) - C_x(B_yA_y + B_zA_z)\\
&\quad= B_x(A_xC_x + A_yC_y + A_zC_z) - C_x(B_xA_x + B_yA_y + B_zA_z)\\
&\quad= \{\boldsymbol{B}(\boldsymbol{A}\cdot\boldsymbol{C}) - \boldsymbol{C}(\boldsymbol{B}\cdot\boldsymbol{A})\}_x
\end{aligned}
\tag{B.15}
$$

式 (B.15) の右辺は確かに，式 (B.12) の右辺の x 成分になっていますので，$\boldsymbol{A}\times(\boldsymbol{B}\times\boldsymbol{C})$ の x 成分は証明できたことになります．y 成分と z 成分についても同様にして証明することができます．

B.3 ベクトル微分演算子の公式と証明

以下ではベクトル微分演算子の公式とその証明を示します．その過程で用いますので，本文でも示した grad，div および rot の式をここに再掲しておきますと，次のようになっています．

$$
\mathrm{grad}\,\phi = \left\{\frac{\partial}{\partial x}\boldsymbol{i} + \frac{\partial}{\partial y}\boldsymbol{j} + \frac{\partial}{\partial z}\boldsymbol{k}\right\}\phi \tag{B.16}
$$

$$
\begin{aligned}
\mathrm{div}\,\boldsymbol{A} = \nabla\cdot\boldsymbol{A} &= \left(\frac{\partial}{\partial x}\boldsymbol{i} + \frac{\partial}{\partial y}\boldsymbol{j} + \frac{\partial}{\partial z}\boldsymbol{k}\right)\cdot(A_x\boldsymbol{i} + A_y\boldsymbol{j} + A_z\boldsymbol{k})\\
&= \frac{\partial A_x}{\partial x} + \frac{\partial A_y}{\partial y} + \frac{\partial A_z}{\partial z}
\end{aligned}
\tag{B.17}
$$

$$
\begin{aligned}
\mathrm{rot}\,\boldsymbol{A} = \nabla\times\boldsymbol{A} &= \left(\frac{\partial}{\partial x}\boldsymbol{i} + \frac{\partial}{\partial y}\boldsymbol{j} + \frac{\partial}{\partial z}\boldsymbol{k}\right)\times(A_x\boldsymbol{i} + A_y\boldsymbol{j} + A_z\boldsymbol{k})\\
&= \left(\frac{\partial A_z}{\partial y} - \frac{\partial A_y}{\partial z}\right)\boldsymbol{i} + \left(\frac{\partial A_x}{\partial z} - \frac{\partial A_z}{\partial x}\right)\boldsymbol{j} + \left(\frac{\partial A_y}{\partial x} - \frac{\partial A_x}{\partial y}\right)\boldsymbol{k}
\end{aligned}
\tag{B.18}
$$

次に，電磁気学に関係の深い代表的なベクトル微分演算子を使った公式とその証明を示して，これらを説明することにします．

a $\mathrm{div}\,\mathrm{grad}\,\phi = \Delta\phi$

b $\mathrm{div}\,\mathrm{rot}\,\boldsymbol{A} = 0$

c $\mathrm{rot}\,\mathrm{rot}\,\boldsymbol{A} = \mathrm{grad}\,\mathrm{div}\,\boldsymbol{A} - \Delta\boldsymbol{A}$

d $\mathrm{rot}\,\mathrm{grad}\,\phi = \mathbf{0}$

e $\mathrm{div}(\boldsymbol{E} \times \boldsymbol{H}) = \boldsymbol{H} \cdot \mathrm{rot}\,\boldsymbol{E} - \boldsymbol{E} \cdot \mathrm{rot}\,\boldsymbol{H}$

aの証明：

$$\begin{aligned}\mathrm{div}\,\mathrm{grad}\,\phi &= \frac{\partial}{\partial x}(\mathrm{grad}\,\phi)_x + \frac{\partial}{\partial y}(\mathrm{grad}\,\phi)_y + \frac{\partial}{\partial x}(\mathrm{grad}\,\phi)_z \\ &= \frac{\partial}{\partial x}\frac{\partial \phi}{\partial x} + \frac{\partial}{\partial y}\frac{\partial \phi}{\partial y} + \frac{\partial}{\partial z}\frac{\partial \phi}{\partial z} \\ &= \left(\frac{\partial^2}{\partial x^2} + \frac{\partial^2}{\partial y^2} + \frac{\partial^2}{\partial z^2}\right)\phi = \nabla^2\phi = \Delta\phi \qquad \text{(B.19a)}\end{aligned}$$

$$\therefore \quad \mathrm{div}\,\mathrm{grad}\,\phi = \Delta\phi \qquad \text{(B.19b)}$$

ここでは，$\mathrm{grad}\,\boldsymbol{A}$ の A_x を $A_x = (\mathrm{grad}\,\phi)_x$ などとおいています．また，ここで使った Δ はラプラシアンです．

bの証明：

$$\begin{aligned}\mathrm{div}\,\mathrm{rot}\,\boldsymbol{A} &= \frac{\partial}{\partial x}(\mathrm{rot}\,\boldsymbol{A})_x + \frac{\partial}{\partial y}(\mathrm{rot}\,\boldsymbol{A})_y + \frac{\partial}{\partial x}(\mathrm{rot}\,\boldsymbol{A})_z \\ &= \frac{\partial}{\partial x}\left(\frac{\partial A_z}{\partial y} - \frac{\partial A_y}{\partial z}\right) + \frac{\partial}{\partial y}\left(\frac{\partial A_x}{\partial z} - \frac{\partial A_z}{\partial x}\right) \\ &\quad + \frac{\partial}{\partial z}\left(\frac{\partial A_y}{\partial x} - \frac{\partial A_x}{\partial y}\right) \\ &= \left(\frac{\partial^2}{\partial y \partial z} - \frac{\partial^2}{\partial z \partial y}\right)A_x + \left(\frac{\partial^2}{\partial z \partial x} - \frac{\partial^2}{\partial x \partial z}\right)A_y \\ &\quad + \left(\frac{\partial^2}{\partial x \partial y} - \frac{\partial^2}{\partial y \partial x}\right)A_z \\ &= 0 \qquad \text{(B.20a)}\end{aligned}$$

$$\therefore \quad \mathrm{div}\,\mathrm{rot}\,\boldsymbol{A} = 0 \qquad \text{(B.20b)}$$

cの証明：

$$\mathrm{rot}\,\mathrm{rot}\,\boldsymbol{A} = \mathrm{grad}\,\mathrm{div}\,\boldsymbol{A} - \Delta\boldsymbol{A} \qquad \text{(B.21)}$$

この**c**の証明では，x 成分を抜き出し，x 成分について式 (B.21) の関係が成り立つことを示します．そうすればその他の成分についても成り立つことがわかります．x 成分を抜き出して証明を示すと，次のようになります．

$$\begin{aligned}(\mathrm{rot}\,\mathrm{rot}\,\boldsymbol{A})_x &= \frac{\partial}{\partial y}(\mathrm{rot}\,\boldsymbol{A})_z - \frac{\partial}{\partial z}(\mathrm{rot}\,\boldsymbol{A})_y \\ &= \frac{\partial}{\partial y}\left(\frac{\partial A_y}{\partial x} - \frac{\partial A_x}{\partial y}\right) - \frac{\partial}{\partial z}\left(\frac{\partial A_x}{\partial z} - \frac{\partial A_z}{\partial x}\right) \\ &= \frac{\partial}{\partial x}\left(\frac{\partial A_x}{\partial x} + \frac{\partial A_y}{\partial y} + \frac{\partial A_z}{\partial z}\right) - \left(\frac{\partial^2}{\partial x^2} + \frac{\partial^2}{\partial y^2} + \frac{\partial^2}{\partial z^2}\right) A_x \\ &= (\mathrm{grad}\,\mathrm{div}\,\boldsymbol{A})_x - \Delta A_x \end{aligned} \tag{B.22}$$

y 成分や z 成分についても同様に証明できるので，式 (B.21) は証明できたことになります．

dの証明：

$$\mathrm{rot}\,\mathrm{grad}\,\phi = \mathbf{0} \tag{B.23}$$

この証明も x 成分を証明して，同様の理由で全体の証明に代えることにします．すると，x 成分の証明は，次のようになります．

$$(\mathrm{rot}\,\mathrm{grad}\,\phi)_x = \frac{\partial}{\partial y}\left(\frac{\partial \phi}{\partial z}\right) - \frac{\partial}{\partial z}\left(\frac{\partial \phi}{\partial y}\right) = \frac{\partial^2 \phi}{\partial y \partial z} - \frac{\partial^2 \phi}{\partial z \partial y} = 0 \tag{B.24}$$

eの証明：

$$\mathrm{div}(\boldsymbol{E} \times \boldsymbol{H}) = \boldsymbol{H} \cdot \mathrm{rot}\,\boldsymbol{E} - \boldsymbol{E} \cdot \mathrm{rot}\,\boldsymbol{H} \tag{B.25}$$

この式の証明は次のようになります．

$$\begin{aligned}&\mathrm{div}(\boldsymbol{E} \times \boldsymbol{H}) \\ &\quad = \frac{\partial}{\partial x}(\boldsymbol{E} \times \boldsymbol{H})_x + \frac{\partial}{\partial y}(\boldsymbol{E} \times \boldsymbol{H})_y + \frac{\partial}{\partial z}(\boldsymbol{E} \times \boldsymbol{H})_z \\ &\quad = \frac{\partial}{\partial x}(E_y H_z - E_z H_y) + \frac{\partial}{\partial y}(E_z H_x - E_x H_z) + \frac{\partial}{\partial z}(E_x H_y - E_y H_x) \\ &\quad = \left(\frac{\partial E_y}{\partial x} H_z - \frac{\partial E_z}{\partial x} H_y\right) + \left(\frac{\partial E_z}{\partial y} H_x - \frac{\partial E_x}{\partial y} H_z\right)\end{aligned}$$

$$+\left(\frac{\partial E_x}{\partial z}H_y-\frac{\partial E_y}{\partial z}H_x\right)+\left(E_y\frac{\partial H_z}{\partial x}-E_z\frac{\partial H_y}{\partial x}\right)$$
$$+\left(E_z\frac{\partial H_x}{\partial y}-E_x\frac{\partial H_z}{\partial y}\right)+\left(E_x\frac{\partial H_y}{\partial z}-E_y\frac{\partial H_x}{\partial z}\right)$$
$$=H_x\left(\frac{\partial E_z}{\partial y}-\frac{\partial E_y}{\partial z}\right)+H_y\left(\frac{\partial E_x}{\partial z}-\frac{\partial E_z}{\partial x}\right)+H_z\left(\frac{\partial E_y}{\partial x}-\frac{\partial E_x}{\partial y}\right)$$
$$-E_x\left(\frac{\partial H_z}{\partial y}-\frac{\partial H_y}{\partial z}\right)-E_y\left(\frac{\partial H_x}{\partial z}-\frac{\partial H_z}{\partial x}\right)-E_z\left(\frac{\partial H_y}{\partial x}-\frac{\partial H_x}{\partial y}\right)$$
$$=\boldsymbol{H}\cdot\mathrm{rot}\,\boldsymbol{E}-\boldsymbol{E}\cdot\mathrm{rot}\,\boldsymbol{H} \tag{B.26}$$
$$\therefore\quad \mathrm{div}(\boldsymbol{E}\times\boldsymbol{H})=\boldsymbol{H}\cdot\mathrm{rot}\,\boldsymbol{E}-\boldsymbol{E}\cdot\mathrm{rot}\,\boldsymbol{H} \tag{B.27}$$

B.4 ベクトル微分演算子ナブラ ∇ を使った公式

ここではベクトル微分演算子のナブラ ∇ を使った公式を示し，これを説明するとともに，前項 B.3 に示したベクトル微分演算子 grad，div，rot の公式とどのような関係があるかを説明します．ベクトル微分演算子のナブラ ∇ は，序章で説明したように，次の式で表されます．

$$\nabla=\frac{\partial}{\partial x}\boldsymbol{i}+\frac{\partial}{\partial y}\boldsymbol{j}+\frac{\partial}{\partial z}\boldsymbol{k} \tag{B.28}$$

さて，ナブラ ∇ を使った公式ですが，次のようなものがあります．

a

$$\nabla\cdot\nabla=\frac{\partial}{\partial x}\boldsymbol{i}+\frac{\partial}{\partial y}\boldsymbol{j}+\frac{\partial}{\partial z}\boldsymbol{k}\cdot\frac{\partial}{\partial x}\boldsymbol{i}+\frac{\partial}{\partial y}\boldsymbol{j}+\frac{\partial}{\partial z}\boldsymbol{k}=\frac{\partial^2}{\partial x^2}+\frac{\partial^2}{\partial y^2}+\frac{\partial^2}{\partial z^2} \tag{B.29a}$$
$$\therefore\quad \nabla\cdot\nabla=\Delta=\frac{\partial^2}{\partial x^2}+\frac{\partial^2}{\partial y^2}+\frac{\partial^2}{\partial z^2} \tag{B.29b}$$

また，ϕ をスカラー，$\boldsymbol{A}$ をベクトルとして，これらについて，次の式が成り立ちます．

$$\Delta\phi=\frac{\partial^2\phi}{\partial x^2}+\frac{\partial^2\phi}{\partial y^2}+\frac{\partial^2\phi}{\partial z^2} \tag{B.30}$$
$$\Delta\boldsymbol{A}=\frac{\partial^2\boldsymbol{A}}{\partial x^2}+\frac{\partial^2\boldsymbol{A}}{\partial y^2}+\frac{\partial^2\boldsymbol{A}}{\partial z^2} \tag{B.31}$$

次に，これらの ∇ 記号を使った公式と grad などのベクトル微分演算子との関係は，次のようになります．まず，$\nabla(\nabla \cdot \boldsymbol{A})$ は $\mathrm{grad}(\mathrm{div}\,\boldsymbol{A})$ のことです．そして，公式の関係は次の**b**以降に示すようになります．

b

$$\nabla \cdot (\nabla \times \boldsymbol{A}) = 0 \tag{B.32}$$

この公式は前の第 B.3 節で説明した公式**b**の $\mathrm{div}\,\mathrm{rot}\,\boldsymbol{A}$ のことですから，第 B.3 節の公式**b**の説明によって，当然この公式は成り立ちます．

c

$$\nabla \times (\nabla \times \boldsymbol{A}) = \nabla(\nabla \cdot \boldsymbol{A}) - \nabla^2 \boldsymbol{A} \tag{B.33}$$

これは, 前の第 B.3 節の公式**c**と同じです．だから, $\nabla\times(\nabla\times\boldsymbol{A}) = \mathrm{rot}\,\mathrm{rot}\,\boldsymbol{A}$, $\nabla(\nabla \cdot \boldsymbol{A}) = \mathrm{grad}(\mathrm{div}\,\boldsymbol{A})$，そして $\nabla^2\boldsymbol{A} = \Delta\boldsymbol{A}$ の関係があります．したがって，この公式は $\mathrm{rot}\,\mathrm{rot}\,\boldsymbol{A} = \mathrm{grad}\,\mathrm{div}\,\boldsymbol{A} - \Delta\boldsymbol{A}$ となるのです．

d

$$\nabla \cdot (\boldsymbol{U} \times \boldsymbol{V}) = \boldsymbol{V} \cdot (\nabla \times \boldsymbol{U}) - \boldsymbol{U} \cdot (\nabla \times \boldsymbol{V}) \tag{B.34}$$

これまでの説明によって，この公式は前の第 B.3 節の公式**e**と同じだということがわかると思います．

e

$$\nabla \times (\boldsymbol{U} \times \boldsymbol{V}) = (\boldsymbol{V} \cdot \nabla)\boldsymbol{U} - \boldsymbol{V}(\nabla \cdot \boldsymbol{U}) - (\boldsymbol{U} \cdot \nabla)\boldsymbol{V} + \boldsymbol{U}(\nabla \cdot \boldsymbol{V}) \tag{B.35}$$

この公式は，ベクトル微分演算子の公式の箇所では示しませんでしたが，この公式 (B.35) をベクトル微分演算子で表すと，次のようになります．

$$\mathrm{rot}(\boldsymbol{U} \times \boldsymbol{V}) = (\boldsymbol{V} \cdot \mathrm{grad})\boldsymbol{U} - \boldsymbol{V}(\mathrm{div}\,\boldsymbol{U}) - (\boldsymbol{U} \cdot \mathrm{grad})\boldsymbol{V} + \boldsymbol{U}(\mathrm{div}\,\boldsymbol{V}) \tag{B.36}$$

B.5 ベクトルポテンシャル A

まず，ベクトルポテンシャルの定義を一般論で述べると，次のようになっています．

いま，ある任意のベクトルを $\boldsymbol{U}$ とすると，$\boldsymbol{U}$ はあるスカラー ψ の傾きの $\operatorname{grad}\psi$ と，あるベクトル $\boldsymbol{W}$ の回転の $\operatorname{rot}\boldsymbol{W}$ に分解することができ，$\boldsymbol{U}$ は次の式で表されます．

$$\boldsymbol{U} = \operatorname{grad}\psi + \operatorname{rot}\boldsymbol{W} \tag{B.37}$$

この式の $\boldsymbol{W}$ がベクトルポテンシャルと呼ばれるものです．

電磁気学では電磁場すなわち電場 $\boldsymbol{E}$ と磁場 $\boldsymbol{B}$ は，ベクトルポテンシャルを $\boldsymbol{A}$ として，この $\boldsymbol{A}$ とスカラーポテンシャル（静電ポテンシャル）の ϕ を使って，次のように表すことができます．

$$\boldsymbol{E} = -\operatorname{grad}\phi - \frac{\partial \boldsymbol{A}}{\partial t} \tag{B.38a}$$

$$\boldsymbol{B} = \operatorname{rot}\boldsymbol{A} \tag{B.38b}$$

なお，これら二つのポテンシャルは合わせて電磁ポテンシャルと呼ばれます．このことは本文でも述べました．そして，ベクトルポテンシャル $\boldsymbol{A}$ の単位は [Wb/m] です．

また，式 (B38a, b) で表されるベクトルポテンシャル $\boldsymbol{A}$ とスカラーポテンシャル（静電ポテンシャル）ϕ の決め方には任意性があり，$\boldsymbol{A}$ と ϕ の特定の決め方に定めることを，ゲージを決めるといいます．そして，ゲージにはクーロン・ゲージやローレンツ・ゲージと呼ばれるものなどがあります．

演習問題 Problems

問 B-1　式 (B.10) に示したスカラー三重積の計算において，$(\boldsymbol{B}\times\boldsymbol{C})$ の x 成分 $(\boldsymbol{B}\times\boldsymbol{C})_x$ が $B_yC_z - B_zC_y$ になることを，式 (B.33) や (B.34) と類似の式を使って具体的に演算して示せ．

問 B-2　式 (B.36) を使って，式 (B.35) が成り立つことを具体的に証明せよ．

------- **解答 Solutions** -------

答 B-1 $\boldsymbol{B} = B_x\boldsymbol{i} + B_y\boldsymbol{j} + B_z\boldsymbol{k}$ および $\boldsymbol{C} = C_x\boldsymbol{i} + C_y\boldsymbol{j} + C_z\boldsymbol{k}$ を使うと，$\boldsymbol{B} \times \boldsymbol{C}$ は次のように演算できる．

$$\begin{aligned}\boldsymbol{B} \times \boldsymbol{C} &= (B_x\boldsymbol{i} + B_y\boldsymbol{j} + B_z\boldsymbol{k}) \times (C_x\boldsymbol{i} + C_y\boldsymbol{j} + C_z\boldsymbol{k}) \\ &= (B_yC_z - B_zC_y)\boldsymbol{i} + (B_zC_x - B_xC_z)\boldsymbol{j} + (B_xC_y - B_yC_x)\boldsymbol{k}\end{aligned}$$

したがって，$\boldsymbol{i}$ の項，つまり $\boldsymbol{B} \times \boldsymbol{C}$ の x 成分は $B_yC_z - B_zC_y$ となることがわかる．

答 B-2 題意の式 (B.36) の左辺の x 成分は，次のように演算できる．

$$\begin{aligned}\{\mathrm{rot}(\boldsymbol{U} \times \boldsymbol{V})\}_x &= \frac{\partial(\boldsymbol{U} \times \boldsymbol{V})_z}{\partial y} - \frac{\partial(\boldsymbol{U} \times \boldsymbol{V})_y}{\partial z} \\ &= \frac{\partial}{\partial y}(U_xV_y - U_yV_x) - \frac{\partial}{\partial z}(U_zV_x - U_xV_z) \\ &= \frac{\partial U_x}{\partial y}V_y + U_x\frac{\partial V_y}{\partial y} - \frac{\partial U_y}{\partial y}V_x - U_y\frac{\partial V_x}{\partial y} \\ &\quad - \frac{\partial U_z}{\partial z}V_x - U_z\frac{\partial V_x}{\partial z} + \frac{\partial U_x}{\partial z}V_z + U_x\frac{\partial V_z}{\partial z}\end{aligned}$$

一方，式 (B.36) の右辺の x 成分は，次のように演算できる．

$$\begin{aligned}(\text{右辺}) &= V_x\frac{\partial U_x}{\partial x} + V_y\frac{\partial U_x}{\partial y} + V_z\frac{\partial U_x}{\partial z} - V_x\left(\frac{\partial U_x}{\partial x} + \frac{\partial U_y}{\partial y} + \frac{\partial U_z}{\partial z}\right) \\ &\quad - U_x\frac{\partial V_x}{\partial x} - U_y\frac{\partial V_x}{\partial y} - U_z\frac{\partial V_x}{\partial z} + U_x\left(\frac{\partial V_x}{\partial x} + \frac{\partial V_y}{\partial y} + \frac{\partial V_z}{\partial z}\right)\end{aligned}$$

右辺の各項の中で $V_x\dfrac{\partial U_x}{\partial x}$ と $U_x\dfrac{\partial V_x}{\partial x}$ の項については，式の前の符号が逆のものが存在するので，お互いに相殺されて消える．あとには 8 個の項が残り，すべて合わせたものは上記の左辺の項をすべて合わせたものと同じになるので，x 成分の式が成り立つことがわかる．y 成分，z 成分についても同様の方法で成り立つことが証明できる．

索引

た

わ

著者紹介

岸野正剛

1938年生まれ．大阪大学工学部精密工学科を卒業し，日立製作所中央研究所に入社．その後，半導体デバイスや超伝導デバイスの研究を重ねたエキスパートとして，大学で教鞭をとることになる．工学博士（東京大学）．姫路工業大学名誉教授．『今日から使える物理数学』『今日から使える量子力学』（いずれも講談社），『量子力学 基礎と物性』（裳華房），『現代 半導体デバイスの基礎』（オーム社），『基本から学ぶ電磁気学』（電気学会）など，好評著書多数．

NDC427　184p　21cm

今度こそわかるシリーズ

今度こそわかるマクスウェル方程式

2014年6月30日　第1刷発行

著　者　岸野正剛

発行者　鈴木　哲

発行所　株式会社講談社
〒112-8001　東京都文京区音羽2-12-21
販売部　(03) 5395-3622
業務部　(03) 5395-3615

編　集　株式会社講談社サイエンティフィク
代表　矢吹俊吉
〒162-0825　東京都新宿区神楽坂2-14　ノービィビル
編集部　(03) 3235-3701

カバー・表紙印刷　豊国印刷株式会社

本文印刷・製本　株式会社講談社

ISBN 978-4-06-156604-0